普通高等教育"十二五"规划教材

DIANLU (SHANGCE) XUEXI ZHIDAOSHU

电路(上册)学习指导书

主 编　朱玉冉

副主编　孟　尚　段辉娟

编　写　周芬萍　王培峰

主　审　赵玲玲

U0350384

中国电力出版社

CHINA ELECTRIC POWER PRESS

内 容 提 要

本书为《电路（上册）》的配套辅导教材，是为了帮助学生更好地学习电路理论知识和分析方法而编写的。全书按照知识点的相关性将每章分为几个课题，每个课题均包括"内容提要""典型例题"和"自测题"三部分，总结课堂学习要点，并以典型例题抛砖引玉，以自测题举一反三。例题和自测题部分选自近年不同高等院校的"电路"课程硕士研究生入学考试试题。在每章章末配有精选习题，并在书末安排了附录，包括三份模拟试题、答案以及部分自测题答案，供学生自我检测。

本书是编者多年"电路"课程教学实践的总结，内容简明扼要，针对性强，注意开拓解题思路。可供学习"电路"课程的本、专科学生自学、复习时使用，也可供报考电气工程、自动化、电子信息等类专业硕士研究生的人员参考。

图书在版编目（CIP）数据

电路. 上册，学习指导书/朱玉冉主编. —北京：中国电力出版社，2015.6

普通高等教育"十二五"规划教材

ISBN 978 - 7 - 5123 - 6781 - 4

Ⅰ.①电… Ⅱ.①朱… Ⅲ.①电路—高等学校—教学参考资料 Ⅳ.①TM13

中国版本图书馆 CIP 数据核字（2015）第 097816 号

中国电力出版社出版、发行

（北京市东城区北京站西街 19 号　100005　http：//www.cepp.sgcc.com.cn）

北京丰源印刷厂印刷

各地新华书店经售

*

2015 年 6 月第一版　　2015 年 6 月北京第一次印刷

787 毫米×1092 毫米　16 开本　10.5 印张　248 千字

定价 **20.00** 元

敬 告 读 者

本书封底贴有防伪标签，刮开涂层可查询真伪

本书如有印装质量问题，我社发行部负责退换

版 权 专 有　　翻 印 必 究

电类基础课教材编写小组

组　长　王培峰

成　员　马献果　王计花　王冀超　吕文哲

曲国明　朱玉冉　任文霞　刘红伟

刘　磊　安兵菊　许　海　孙玉杰

李翠英　宋利军　张凤凌　张会莉

张成怀　张　敏　岳永哲　孟　尚

周芬萍　赵玲玲　段辉娟　高观望

高　妙　焦　阳　蔡明伟

（以姓氏笔画为序）

序

电工、电子技术为计算机、电子、通信、电气、自动化、测控等众多应用技术的理论基础，同时涉及机械、材料、化工、环境工程、生物工程等众多相关学科。对于这样一个庞大的体系，不可能在学校将所有的知识都教给学生。以应用技术型本科学生为主体的大学教育，必须对学科体系进行必要的梳理。本系列教材就是试图搭建一个电类基础知识体系平台。

2013 年 1 月，教育部为加快发展现代职业教育，建设现代职业教育体系，部署了应用技术大学改革试点战略研究项目，成立了"应用技术大学（学院）联盟"，其目的是探索"产学研一体、教学做合一"的应用型人才培养模式，促进地方本科高校转型发展。河北科技大学作为河北省首批加入"应用技术大学（学院）联盟"的高校，对电类专业基础课进行了试点改革，并根据教育部高等学校教学指导委员会制定的"专业规划和基本要求、学科发展和人才培养目标"，编写了本套教材。本套教材特色如下：

（1）教材的编写以教育部高等学校教学指导委员会制定的"专业规划和基本要求"为依据，以培养服务于地方经济的应用型人才为目标，系统整合教学改革成果，使教材体系趋于完善，教材结构完整，内容准确，理论阐述严谨。

（2）教材的知识体系和内容结构具有较强的逻辑性，利于培养学生的科学思维能力；根据教学内容、学时、教学大纲的要求，优化知识结构，既加强理论基础，也强化实践内容；理论阐述、实验内容和习题的选取都紧密联系实际，培养学生分析问题和解决问题的能力。

（3）课程体系整体设计，各课程知识点合理划分，前后衔接，避免各课程内容之间交叉重复，使学生能够在规定的课时数内，掌握必要的知识和技术。

（4）以主教材为核心，配套学习指导、实验指导书、多媒体课件，提供全面的教学解决方案，实现多角度、多层面的人才培养模式。

本套教材由王培峰任编写小组组长。主要包括《电路》（上、下册，王培峰主编）《模拟电子技术基础》（张凤凌主编）《数字电子技术基础》（高观望主编）《电路与电子技术基础》（马献果等编）《电路学习指导书》（上册，朱玉冉主编；下册，孟尚主编）《模拟电子技术学习指导书》（张会莉主编）《数字电子技术课程学习辅导书》（任文霞主编）《电路与电子技术学习指导书》（马献果等编）《电路实验教程》（李翠英主编）《电子技术实验与课程设计》（安兵菊主编）《电工与电子技术实验教程》（刘红伟等编）等。

提高教学质量，深化教学改革，始终是高等学校的工作重点，需要所有关心高等教育事业人士的热心支持。为此谨向所有参与本系列教材建设的同仁致以衷心的感谢！

本套教材可能会存在一些不当之处，欢迎广大读者提出批评和建议，以促进教材的进一步完善。

电类基础课教材编写小组
2014 年 10 月

前　　言

本书是为了满足高等学校"电路"课程学习需要而编写的辅导教材，内容符合教育部制定的"电路"课程教学大纲。

在编写过程中，编者打破了原来辅导教材以每章内容为基础的编写方法，按照上课时每节课所涉及的知识点，将每章内容分为几个课题。每个课题又包括三部分：

(1) 内容提要：讲述每个课题的重点内容；

(2) 典型例题：详细分析并求解典型例题；

(3) 自测题：便于学生自我检测。

同时，对每一章的例题和习题进行精选，尽可能选择相关的近年部分硕士研究生入学考试初试试题和在编者教学过程中学生难以理解或者经常出错的题目。这样，在保证学生学好课内知识的同时，扩展了视野，为以后继续深造打下基础。附录部分给出了部分自测题答案和三套样题，供复习参考。

本书可作为高等学校电类专业本科（或专科）学生电路课程的自学指导和教师的习题辅导材料，也可作为硕士研究生入学考试的复习参考书，还可作为其他相关专业技术人员学习参考用书。

本书由朱玉冉主编并负责统稿，朱玉冉编写第一、六章，王培峰编写第三章，孟尚编写第四章，段辉娟编写第二章，周芬萍编写第五章。

本书承蒙赵玲玲老师精心审阅，提出了宝贵意见，谨致以衷心的谢意。编写本书时，查阅和参考了众多文献资料，获得教益和启发，也得到许多老师的帮助，在此一并表示感谢。

鉴于编者水平有限，书中难免有错误或不当之处，恳请读者批评指正。

编　者

2015 年 4 月

目　　录

第一章 电路模型和电路基本定律

重点：电压与电流参考方向的理解与设定，电阻、电容、电感、独立源、受控源等电路元件的约束方程（VCR），基尔霍夫电流定律、电压定律的具体运用，电功率的计算及性质判断等。

难点：功率吸收与发出的判断，元件的伏安特性关系式与电压、电流参考方向之间的关系，受控源在电路中的处理方法，电压源与电流源的外特性。

要求：熟练掌握电路的基本变量，电压、电流的参考方向，电路元件及其伏安特性方程，电压源、电流源及受控源，电功率、电能量，基尔霍夫电流定律（KCL）、基尔霍夫电压定律（KVL）等基本概念与定律。

课题一 电路的基本概念

 内容提要

1 电路模型

简单地讲，电路是电流通过的路径。实际电路通常由各种电路实体部件（如电源、电阻器、电感线圈、电容器、变压器、仪表、二极管、晶体管等）组成。每一种电路实体部件具有各自不同的电磁特性和功能，按照人们的需要，把相关电路实体部件按一定方式进行组合，就构成了一个个电路。

实际电路的电磁过程是相当复杂的，难以对其进行有效的分析计算。在电路理论中，为了方便实际电路的分析和计算，在工程实际允许的条件下，对实际电路进行模型化处理，即忽略次要因素，抓住足以反映其功能的主要电磁特性，抽象出实际电路元器件的"电路模型"。通常电路分析都是针对电路模型进行的。

2 电路分析中的基本变量及参考方向

电压 u 和电流 i 是电路分析的基本变量。功率和能量在电路分析中也是十分重要的物理量。在直流电路中，电压、电流、功率分别用大写字母 U、I、P 表示。

在分析复杂电路时，一般难于判断出电流（电压）的实际方向，而列方程、进行定量计算时需要对电流（电压）设定一个约定的方向；对于交流电路，电流（电压）的方向随时间改变，无法用一个固定的方向表示，因此引入电流（电压）的"参考方向"。

参考方向是人为假设的电流（电压）方向。按参考方向计算，计算结果若为正值，表示实际方向与参考方向相同；若为负值，表示实际方向与参考方向相反。

如果电流的参考方向和电压的参考方向相同，称为关联参考方向；当两者不一致时，称为非关联参考方向（注：若判断电压、电流参考方向关联或非关联，一定要指明针对哪一个

元件或哪部分电路而言）。

3　电功率和能量

一个元件、一部分电路或一个端口网络的电功率都可以表示为 $p=ui$。

当 u、i 取关联参考方向时，$p=ui$ 表示该元件吸收的功率；当 u、i 取非关联参考方向时，$p=ui$ 表示该元件发出的功率。

电能量定义式为

$$W=\int_{-\infty}^{t} p(\xi)\,\mathrm{d}\xi=\int_{-\infty}^{t} u(\xi)\,i(\xi)\,\mathrm{d}\xi$$

📱 典型例题

【例 1-1】　说明图 1-1（a）、（b）中，

（1）u、i 的参考方向是否关联？

（2）u、i 的乘积表示什么功率？

（3）如果在图 1-1（a）中 $u>0$，$i<0$；图 1-1（b）中 $u<0$，$i>0$，元件实际发出还是吸收功率？

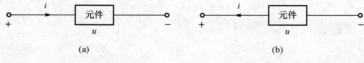

图 1-1　[例 1-1] 图

解　（1）图 1-1（a）中 u、i 的参考方向是关联的，图 1-1（b）中 u、i 的参考方向为非关联。

（2）图 1-1（a）中的 u、i 乘积表示元件吸收的功率，图 1-1（b）中的 u、i 乘积表示元件发出的功率。

（3）图 1-1（a）中，$u>0$，$i<0$，则 $p=ui<0$，表示元件吸收负功率，实际发出功率；图 1-1（b）中，$u<0$，$i>0$，则 $p=ui<0$，表示元件发出负功率，实际吸收功率。

【解题指导与点评】　本题的考点是电压、电流参考方向的关联与否及吸收与发出功率的判断。电流的参考方向与元件两端电压降落的方向一致，称电压和电流的参考方向关联，否则称为非关联。当元件的 u、i 取关联参考方向时，$p=ui$ 表示元件吸收的功率；当元件的 u、i 取非关联参考方向时，$p=ui$ 表示元件发出的功率。但实际功率是吸收还是发出，还得看 ui 结果的正负。

【例 1-2】　在图 1-2 所示各元件中，已知元件 A 吸收 66W 功率，元件 B 发出 25W 功率，元件 C 吸收 −68W 功率，求 i_A、u_B 和 i_C。

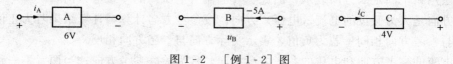

图 1-2　[例 1-2] 图

解 根据题意,对元件 A,电压(6V)和电流 i_A 取的是关联参考方向,因此元件 A 吸收的功率为

$$P_A = 6i_A = 66W$$

因此

$$i_A = \frac{66}{6} = 11A$$

对元件 B,电流(−5A)和电压 u_B 取的是关联参考方向,因此元件 B 发出的功率为

$$P_B = -(-5)u_B = 25W$$

所以

$$u_B = \frac{25}{5} = 5V$$

对元件 C,电压(4V)和电流 i_C 取的是非关联参考方向,因此元件 C 吸收的功率为

$$P_C = -4i_C = -68W$$

所以

$$i_C = \frac{-68}{-4} = 17A$$

【解题指导与点评】 本题的考点是在已知电压、电流参考方向及有关吸收与发出功率的条件下,求解元件的电压或电流。当元件的电压 u 和电流 i 取关联参考方向时,ui 表示元件吸收的功率,$-ui$ 表示元件发出的功率;当元件的 u、i 取非关联参考方向时,ui 表示元件发出的功率,$-ui$ 表示元件吸收的功率。

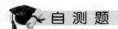 自 测 题

一、选择题

1. 在题图 1-1 所示的电路中,若电压源 $U_S = 10V$,电流源 $I_S = 1A$,则( )。

A. 电压源与电流源都发出功率

B. 电压源与电流源都吸收功率

C. 电压源发出功率,电流源不一定

D. 电流源发出功率,电压源不一定

题图 1-1

2. 关于理想电路元件,描述正确的是( )。

A. 理想电路元件是一种实际存在的元件

B. 理想电路元件可以具有多种电磁性质

C. 只有理想电路元件不能构成电路模型

D. $u = Ri$（R 为常数）表示一个理想电路元件

二、填空题

1. 任何一个完整的电路都必须由_____、_____和_____三个基本部分组成。

2. 在电路分析计算中,必须先指定电流与电压的_____,电压的参考方向与电流的参考方向可以独立地_____。

3. 若电流的计算值为负,则说明其实际方向与参考方向_____。

4. 题图 1-2 所示各段电路中，题图 1-2（a）中电流、电压的参考方向是_____参考方向（填关联或非关联，下同）；题图 1-2（b）中的电流、电压的参考方向是_____参考方向；题图 1-2（c）中电流、电压的参考方向是_____参考方向；题图 1-2（d）中电流、电压的参考方向是_____参考方向。

5. 题图 1-3 所示电路中，u 和 i 对元件 A 而言是_____参考方向；对元件 B 而言是_____参考方向。（填"关联"或"非关联"）

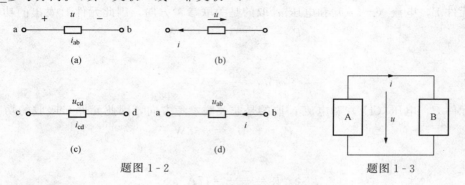

题图 1-2　　　　　　　　　题图 1-3

三、计算题

1. 根据题图 1-4 所示参考方向，判断各元件是吸收还是发出功率，其功率各为多少？

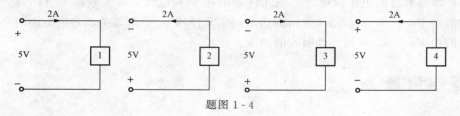

题图 1-4

2. 各元件的条件如题图 1-5 所示。

（1）若元件 A 吸收功率为 10W，求 I_a。

（2）若元件 B 产生功率为（−10W），求 U_b。

（3）若元件 C 吸收功率为（−10W），求 I_c。

（4）求元件 D 吸收的功率。

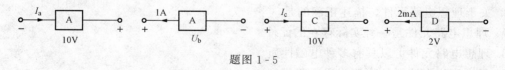

题图 1-5

3. 题图 1-6 所示电路中，已知各元件发出的功率分别为 $P_1 = -250W$、$P_2 = 125W$、$P_3 = -100W$，求各元件上的电压 U_1、U_2 及 U_3。

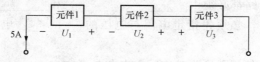

题图 1-6

课题二　电　路　定　律

 内容提要

1　电路元件的 VCR 方程

电路中每个元件两端的电压与其电流必须满足的关系称为元件的约束关系或电压、电流关系，简称 VCR（Voltage and Current Ralation）方程。VCR 方程是元件约束，又称局部约束。本章主要介绍表 1-1 中的几种元件。

表 1-1　　　　　　　　　　各元件的电压、电流关系（VCR）

元件名称	电路符号	伏安特性
电阻元件	i　+　u　−　R	$u = Ri$
电容元件	i　+　u　−　C	$i = C\dfrac{\mathrm{d}u}{\mathrm{d}t}$
电感元件	i　+　u　−　L	$u = L\dfrac{\mathrm{d}i}{\mathrm{d}t}$
电压源	u_S　i　u	$u = u_S$ 与 i 无关
电流源	i_S　i　u	$i = i_S$ 与 u 无关
受控源	控制端 i_i + u_i − 耦合电路 i_S + u_S − 受控端	控制端可以是电压源 u_i 或电流 i_i，同样受控端也可以是电压 u_S 或电流 i_S

注　表中受控源中电压控制电压源（VCVS）：$u_S = \mu u_i$；电压控制电流源（VCCS）：$i_S = g u_i$；电流控制电压源（CCVS）：$u_S = r i_i$；电流控制电流源（CCCS）：$i_S = \beta i_i$。

2　基尔霍夫定律

电路中各支路电流、支路电压在连接关系上满足的约束关系，也称为整体约束或拓扑约束，可由基尔霍夫定律体现。

（1）基尔霍夫电流定律（KCL）。在集总参数电路中，任意时刻，流出（或流入）任意节点电流的代数和恒等于零。电流数值前面的"＋""－"是根据电流是流出节点还是流入节点判断的。若规定流出节点的电流前面取"＋"，流入节点的电流前面取"－"，则基尔霍夫电流定律用数学表达式表示为

$$\sum i = 0$$

（2）基尔霍夫电压定律（KVL）。在集总参数电路中，任何时刻，沿任一回路，所有支路电压的代数和恒等于零。指定回路的绕行方向，支路电压的参考方向与回路的绕行方向一致者，该电压前面取"＋"号；支路电压的参考方向与回路的绕行方向相反者，该电压前面取"－"号。用数学表达式表示为

$$\sum u = 0$$

3　电路分析计算的步骤

（1）对电路中的电压、电流进行初步的定性分析。
（2）选定电压、电流的参考方向。
（3）根据元件的特性列出 VCR 方程，根据电路结构列出必要的 KCL、KVL 方程。
（4）进行具体的分析计算。

典型例题

【例 1 - 3】　在指定的电压 u 和电流 i 参考方向下，写出图 1 - 3 所示各元件 u 和 i 的约束方程。

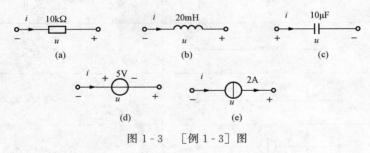

图 1 - 3　［例 1 - 3］图

解　图 1 - 3（a）中电阻元件 u 和 i 的约束方程为
$$u = -Ri = -10 \times 10^3 i$$
图 1 - 3（b）中电感元件 u 和 i 的约束方程为
$$u = -20 \times 10^{-3} \frac{\mathrm{d}i}{\mathrm{d}t}$$
图 1 - 3（c）中电容元件 u 和 i 的约束方程为
$$i = 10 \times 10^{-6} \frac{\mathrm{d}u}{\mathrm{d}t} = 10^{-5} \frac{\mathrm{d}u}{\mathrm{d}t}$$
图 1 - 3（d）中理想电压源的约束方程为
$$u = -5\mathrm{V}$$
图 1 - 3（e）中理想电流源的约束方程为
$$i = 2\mathrm{A}$$

【解题指导与点评】　元件的约束方程与电压、电流的参考方向有关。对于电阻、电感及电容等元件，一般电压、电流的参考方向选为关联。在关联情况下，其 VCR 方程中的系

数为正；反之，若电压、电流的参考方向非关联，其 VCR 方程中的系数前须加负号。当电压源的端口电压 u 的参考方向与 u_S 的一致时，$u=u_S$；反之 $u=-u_S$。当电流源的端子电流 i 的参考方向与 i_S 的一致时，$i=i_S$；反之 $i=-i_S$。

【例 1-4】 试求图 1-4 所示电路中每个元件的功率。

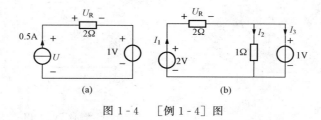

图 1-4 ［例 1-4］图

解 图 1-4（a）中，由于流经电阻和电压源的电流为 0.5A，所以电阻消耗功率

$$P_R=RI^2=2\times0.5^2=0.5W$$

电压源吸收功率

$$P_{US}=U_SI=1\times0.5=0.5W$$

由于电阻电压

$$U_R=RI=2\times0.5=1V$$

得电流源端电压

$$U=U_R+U_S=1+1=2V$$

电流源发出功率

$$P_{IS}=UI_S=0.5\times2=1W$$

图 1-4（b）中，2Ω 电阻的电压

$$U_R=2-1=1V$$

所以有

$$I_1=\frac{U_R}{2}=\frac{1}{2}=0.5A, \quad I_2=\frac{1}{1}=1A$$

由 KCL 得

$$I_3=I_1-I_2=0.5-1=-0.5A$$

故 2V 电压源、1V 电压源发出功率

$$P_{2V}=2\times I_1=2\times0.5=1W$$

$$P_{1V}=1\times(-I_3)=1\times0.5=0.5W$$

2Ω 电阻、1Ω 电阻消耗功率

$$P_{2\Omega}=2\times I_1^2=2\times0.5^2=0.5W$$

$$P_{1\Omega}=1\times I_2^2=1\times1^2=1W$$

【解题指导与点评】 题中已知各电源的大小和方向，要求电源的功率，关键是要求出在设定的参考方向下各电压源的电流和各电流源的电压，再根据指定的电压和电流的参考方向及所得电压与电流乘积的正负判断该元件吸收还是发出功率。

【例 1-5】 试求图 1-5 中各电路的电压 U，并讨论其功率平衡。

解 应用 KCL 先计算电阻电流 I_R，再根据欧姆定律计算电阻电压，从而得出端电压

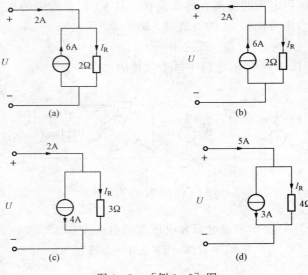

图 1 - 5   ［例 1 - 5］图

U，最后计算功率。

图 1 - 5（a）中
$$I_R = 2 + 6 = 8A$$
$$U = U_R = 2 \times I_R = 2 \times 8 = 16V$$

所以输入电路的功率为
$$P = U \times 2 = 16 \times 2 = 32W$$

电流源发出功率
$$P_I = U \times 6 = 16 \times 6 = 96W$$

电阻消耗功率
$$P_R = 2 \times I_R^2 = 2 \times 8^2 = 128W$$

显然 $P + P_I = P_R$，即输入电路的功率和电源发出的功率都被电阻消耗了。

图 1 - 5（b）中
$$I_R = 6 - 2 = 4A$$
$$U = U_R = 2 \times I_R = 2 \times 4 = 8V$$

所以输入电路的功率为
$$P = -U \times 2 = -8 \times 2 = -16W$$

电流源发出功率
$$P_I = U \times 6 = 8 \times 6 = 48W$$

电阻消耗功率
$$P_R = 2 \times I_R^2 = 2 \times 4^2 = 32W$$

显然，仍满足
$$P + P_I = P_R$$

实际上电源发出的功率被电阻消耗了 32W，还有 16W 输送给了外电路。

图 1 - 5（c）中
$$I_R = 2 - 4 = -2A$$
$$U = U_R = 3 \times I_R = 3 \times (-2) = -6V$$

所以输入电路的功率为

$$P = U \times 2 = -6 \times 2 = -12\,\text{W}$$

电流源发出功率

$$P_1 = -4 \times U = -4 \times (-6) = 24\,\text{W}$$

电阻消耗功率

$$P_R = 3 \times I_R^2 = 3 \times (-2)^2 = 12\,\text{W}$$

即满足

$$P + P_1 = P_R$$

图 1-5（d）中
$$I_R = 5 - 3 = 2\,\text{A}$$
$$U = 4 \times I_R = 4 \times 2 = 8\,\text{V}$$

各部分功率分别为

$$P = U \times 5 = 8 \times 5 = 40\,\text{W}$$
$$P_1 = U \times (-3) = 8 \times (-3) = -24\,\text{W}$$
$$P_R = 4 \times I_R^2 = 4 \times 2^2 = 16\,\text{W}$$

仍满足

$$P + P_1 = P_R$$

【解题指导与点评】　　计算各元件的功率，必须先设定元件的电压、电流的参考方向，然后根据所设定的参考方向，利用基尔霍夫定律，列方程求解。校核求解结果是否正确，可以利用功率平衡来检验，若 $\sum P_{发出} = \sum P_{吸收}$，说明计算结果正确；反之，若 $\sum P_{发出} \neq \sum P_{吸收}$，说明计算结果有问题。

【例 1-6】　　图 1-6（a）电容中电流 i 的波形如图 1-6（b）所示，现已知 $u_C(0) = 0$，试求 $t = 1\text{s}$，$t = 2\text{s}$ 和 $t = 4\text{s}$ 时的电容电压。

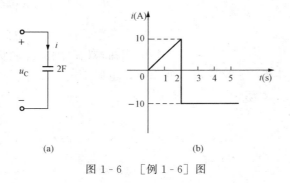

(a)　　　　　　　　　　(b)

图 1-6　　［例 1-6］图

解　已知电容的电流 $i(t)$ 求电压 $u_C(t)$ 时，有

$$u_C(t) = \frac{1}{C} \int_{-\infty}^{t_0} i(\xi)\mathrm{d}\xi + \frac{1}{C} \int_{t_0}^{t} i(\xi)\mathrm{d}\xi = u_C(t_0) + \frac{1}{C} \int_{t_0}^{t} i(\xi)\mathrm{d}\xi$$

式中，$u_C(t_0)$ 为电容电压的初始值。

电容电流 $i(t)$ 的函数表示式为

$$i(t) = \begin{cases} 0 & (t \leqslant 0) \\ 5t & (0 < t \leqslant 2\text{s}) \\ -10 & (t > 2\text{s}) \end{cases}$$

根据 u_C、i 积分关系，有

$t = 1\text{s}$ 时，$u_C(1) = u_C(0) + \dfrac{1}{C} \displaystyle\int_0^1 i(t)\,\mathrm{d}t$

$$= 0 + \frac{1}{2}\int_0^1 5t\,\mathrm{d}t = \frac{1}{2} \times \left(\frac{5}{2}t^2\right)\bigg|_0^1 = 1.25\text{V}$$

$t = 2\text{s}$ 时，$u_C(2) = u_C(0) + \dfrac{1}{C} \displaystyle\int_0^2 i(t)\,\mathrm{d}t$

$$= 0 + \frac{1}{2}\int_0^2 5t\,\mathrm{d}t = \frac{1}{2} \times \left(\frac{5}{2}t^2\right)\bigg|_0^2 = 5\text{V}$$

$t = 4\text{s}$ 时，$u_C(4) = u_C(2) + \dfrac{1}{C} \displaystyle\int_2^4 i(t)\,\mathrm{d}t$

$$= 5 + \frac{1}{2}\int_2^4 (-10)\,\mathrm{d}t = 5 + \frac{1}{2} \times (-10t)\bigg|_2^4 = -5\text{V}$$

【解题指导与点评】 电容元件伏安关系的积分形式表明，t 时刻的电压与 t 时刻以前的电流的"全部历史"有关，即电容有"记忆"电流的作用，故电容是一种记忆元件。因此在计算电容电压时，要关注它的初始值 $u_C(t_0)$，它反映了电容在初始时刻的储能状况，也称为初始状态。电感元件也具有类似的性质。

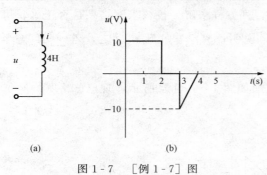

图 1-7 ［例 1-7］图

【例 1-7】 图 1-7（a）中 $L = 4\text{H}$，且 $i(0) = 0$，电压的波形如图 1-7（b）所示。试求当 $t = 1\text{s}$、$t = 2\text{s}$、$t = 3\text{s}$ 和 $t = 4\text{s}$ 时的电感电流 i。

解 电感元件 u、i 关系的积分形式为

$$i(t) = i(t_0) + \frac{1}{L}\int_{t_0}^t u(\xi)\,\mathrm{d}\xi$$

其中，$i(t_0)$ 为电感电流的初始值，反映电感在初始时刻的储能状况。

上式表明，电感元件有"记忆"电压的作用，也属于记忆元件。

电感电压的函数表示式为

$$u(t) = \begin{cases} 0 & (t \leqslant 0) \\ 10 & (0 < t \leqslant 2\text{s}) \\ 0 & (2\text{s} < t \leqslant 3\text{s}) \\ 10t - 40 & (3\text{s} < t \leqslant 4\text{s}) \\ 0 & (t > 4\text{s}) \end{cases}$$

应用 u、i 积分关系式，有

$t = 1\text{s}$ 时，$i(1) = i(0) + \dfrac{1}{L}\displaystyle\int_0^1 u(t)\,\mathrm{d}t$

$$= 0 + \frac{1}{4}\int_0^1 10\,\mathrm{d}t = \frac{1}{4} \times (10t)\bigg|_0^1 = 2.5\text{A}$$

$t = 2\text{s}$ 时，$i(2) = i(1) + \dfrac{1}{L}\displaystyle\int_1^2 u(t)\,\mathrm{d}t$

$$= 2.5 + \frac{1}{4}\int_1^2 10\mathrm{d}t = 2.5 + \frac{1}{4} \times (10t)\Big|_1^2 = 5\mathrm{A}$$

$$t = 3\mathrm{s} \text{ 时}, i(3) = i(2) + \frac{1}{L}\int_2^3 u(t)\mathrm{d}t = 5 + \frac{1}{4}\int_2^3 0\mathrm{d}t = 5\mathrm{A}$$

$$t = 4\mathrm{s} \text{ 时}, i(4) = i(3) + \frac{1}{L}\int_3^4 u(t)\mathrm{d}t = 5 + \frac{1}{4}\int_3^4 (10t - 40)\mathrm{d}t = 3.75\mathrm{A}$$

【例 1-8】　$2\mu\mathrm{F}$ 电容上所加电压的波形如图 1-8 所示。求：
(1) 电容电流 i；(2) 电容电荷 q；(3) 电容吸收的功率 p。

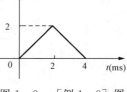

图 1-8　［例 1-8］图

解　(1) 电压 $u(t)$ 的函数表达式为

$$u(t) = \begin{cases} 0 & (t \leqslant 0) \\ 10^3 t & (0 < t \leqslant 2\mathrm{ms}) \\ 4 - 10^3 t & (2\mathrm{ms} < t \leqslant 4\mathrm{ms}) \\ 0 & (t > 4\mathrm{ms}) \end{cases}$$

根据电容元件 u、i 的微分关系，得电流 $i(t)$ 的函数表达式为

$$i(t) = 2 \times 10^{-6} \times \frac{\mathrm{d}u(t)}{\mathrm{d}t} = \begin{cases} 0 & (t \leqslant 0) \\ 2 \times 10^{-3} & (0 < t \leqslant 2\mathrm{ms}) \\ -2 \times 10^{-3} & (2\mathrm{ms} < t \leqslant 4\mathrm{ms}) \\ 0 & (t > 4\mathrm{ms}) \end{cases}$$

(2) 因为 $C = \dfrac{q}{u}$，所以有

$$q(t) = Cu(t) = \begin{cases} 0 & (t \leqslant 0) \\ 2 \times 10^{-3} t & (0 < t \leqslant 2\mathrm{ms}) \\ 2 \times 10^{-6} \times (4 - 10^3 t) & (2\mathrm{ms} < t \leqslant 4\mathrm{ms}) \\ 0 & (t > 4\mathrm{ms}) \end{cases}$$

(3) 在电压、电流参考方向关联时，电容元件吸收的功率为

$$p(t) = u(t)i(t) = \begin{cases} 0 & (t < 0) \\ 2t & (0 < t \leqslant 2\mathrm{ms}) \\ -2 \times 10^{-3} \times (4 - 10^3 t) & (2\mathrm{ms} < t \leqslant 4\mathrm{ms}) \\ 0 & (t > 4\mathrm{ms}) \end{cases}$$

$i(t)$、$q(t)$、$p(t)$ 波形如图 1-9 所示。

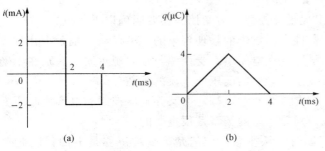
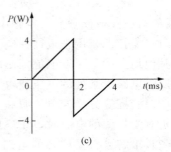

图 1-9　题解［例 1-8］图

【解题指导与点评】 在图 1-9（c）所示的功率波形中，0～2ms 部分表示电容吸收功率，处于充电状态，其电压和电荷随时间增加；2～4ms 部分表示电容发出功率，处于放电状态，其电压和电荷随时间减小。这两部分的面积相等，说明电容元件不消耗功率，是一种储能元件。同时它也不会释放出多于其吸收的或储存的能量。所以，电容是一种无源元件，它只与外部电路进行能量交换。需要指出的是，电感元件也具有这一性质。

【例 1-9】 图 1-10 所示电路中，试求图 1-10（a）中的电流 i_1 和 u_{ab} 及图 1-10（b）中的电压 u_{cb}。

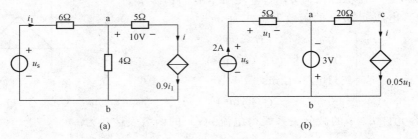

图 1-10 ［例 1-9］图

解 图 1-10（a）中，受控电流源的电流为

$$0.9i_1 = i = \frac{10}{5} = 2\text{A}$$

所以

$$i_1 = \frac{2}{0.9} \approx 2.222\text{A}$$

$$u_{ab} = 4 \times i_{ab} = 4 \times (i_1 - 0.9i_1) = 4 \times 0.1 \times \frac{20}{9} \approx 0.889\text{V}$$

图 1-10（b）中，因为 $u_1 = 2 \times 5 = 10\text{V}$，故受控电流源的电流为

$$i = 0.05u_1 = 0.05 \times 10 = 0.5\text{A}$$

而

$$u_{ac} = 20 \times i = 20 \times 0.5 = 10\text{V}$$

$$u_{ab} = -3\text{V}$$

所以

$$u_{cb} = -u_{ac} + u_{ab} = -10 - 3 = -13\text{V}$$

【解题指导与点评】 本题中出现了受控源，对受控源需要明确以下几点：

（1）受控源是用来表征在电子器件中所发生的物理现象的一种模型，是大小和方向受电路中其他地方的电压或电流控制的电源。在电路中，受控源与独立源本质区别在于受控源只是反映电路中某处的电压或电流控制另一处的电压或电流的关系。

（2）受控源分受控电压源和受控电流源两类，每一类又分电压控制和电流控制两类。计算分析有受控源的电路时，正确地识别受控源的类型是很重要的。

（3）求解含有受控源的电路问题时，从概念上应清楚，受控源亦是电源，因此在应用 KCL、KVL 列写电路方程时，先把受控源当作独立源一样看待，然后注意受控源受控制的特点，再写出控制量与待求量之间的关系式。

【例 1 - 10】　对图 1 - 11 所示电路：

(1) 已知图 1 - 11 (a) 中，$R=2\Omega$，$i_1=1A$，求电流 i。

(2) 已知图 1 - 11 (b) 中，$u_s=10V$，$i_1=2A$，$R_1=4.5\Omega$，$R_2=1\Omega$，求 i_2。

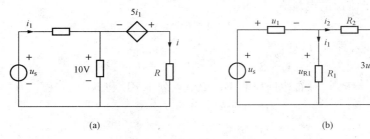

(a)　　　　　　　　　　　(b)

图 1 - 11　[例 1 - 10] 图

解　(1) 图 1 - 11 (a) 中，对右边的回路列 KVL 方程（顺时针方向绕行）有

$$Ri-10-5i_1=0$$

则

$$i=\frac{10+5i_1}{R}=\frac{10+5\times1}{2}=7.5A$$

(2) 图 1 - 11 (b) 中，电阻 R_1 两端的电压为

$$u_{R1}=R_1i_1=4.5\times2=9V$$

对左边回路列 KVL 方程有

$$u_{R1}-u_s+u_1=0$$

则

$$u_1=u_s-u_{R1}=10-9=1V$$

从图中右边回路的 KVL 方程

$$R_2i_2+3u_1-u_{R1}=0$$

得

$$i_2=\frac{u_{R1}-3u_1}{R_2}=\frac{9-3\times1}{1}=6A$$

【解题指导与点评】　本题求解中主要应用了 KVL。KVL 描述的是回路中各支路（或各元件）电压之间的关系，它反映了电场力做功与路径无关的物理性质。应用 KVL 列回路电压方程时，应注意以下两点：①首先要指出回路中各支路或元件上的电压参考方向，然后指定有关回路的绕行方向（顺时针或逆时针均可）；②从回路中任一点开始，按所选绕行方向依次叠加各支路或元件上的电压，若电压参考方向与回路绕行方向一致，则该电压取正值，否则取负值。

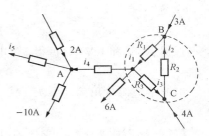

图 1 - 12　[例 1 - 11] 图

【例 1 - 11】　对图 1 - 12 所示电路，若：(1) R_1，R_2，R_3 值不定；(2) $R_1=R_2=R_3$。

在以上两种情况下，尽可能多地确定其他各电阻中的未知电流。

解　设定各电阻中未知电流的参考方向如图 1-12 所示。

（1）若 R_1，R_2，R_3 值不定，i_1，i_2，i_3 不能确定。对图中所示闭合曲面列 KCL 方程，根据流进的电流等于流出的电流有

$$i_4 = 3 + 4 - 6 = 1\text{A}$$

对 A 点列 KCL 方程，可以解得

$$i_5 = i_4 + 2 - (-10) = 1 + 2 + 10 = 13\text{A}$$

（2）若 $R_1 = R_2 = R_3$，对右边回路和 B、C 节点列 KVL 和 KCL 方程，有

$$\begin{cases} R_1 i_1 + R_2 i_2 + R_3 i_3 = 0 \\ i_1 = 3 + i_2 \\ i_2 = i_3 + 4 \end{cases}$$

整理方程组，代入 $R_1 = R_2 = R_3$，得

$$\begin{cases} i_1 + i_2 + i_3 = 0 \\ i_1 - i_2 = 3 \\ i_2 - i_3 = 4 \end{cases}$$

解上述方程组，得

$$i_1 = \frac{10}{3}\text{A}, \quad i_2 = \frac{1}{3}\text{A}, \quad i_3 = -\frac{11}{3}\text{A}, \quad i_4 = 1\text{A}, \quad i_5 = 13\text{A}$$

【解题指导与点评】　从本题的求解过程可以看出 KCL 是描述支路电流之间关系的，而与支路上元件的性质无关。KCL 实质是反映电荷守恒定律，因此，它不仅适用于电路中的节点，对包围部分电路的闭合面也是适用的。应用 KCL 列写节点或闭曲面电流方程时应注意：①方程是依据电流的参考方向建立的，因此，列方程前首先要指定电路中各支路上电流的参考方向，然后选定节点或闭曲面；②依据电流参考方向是流入或流出写出代数方程（流出者取 "＋"，流入者取 "－"，或者反之；也可以用流入等于流出表示）。

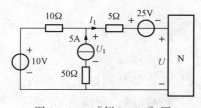

图 1-13　［例 1-12］图

【例 1-12】　图 1-13 所示电路中，已知 $I_1 = 2\text{A}$。求网络 N 吸收的功率及电流源发出的功率。（哈尔滨工业大学 2000 年研究生入学考试试题）

解　根据 KCL、KVL 和元件的 VCR，可得网络 N 端口电压为

$$U = -25 - 5I_1 + (5 - I_1) \times 10 + 10 = 5\text{V}$$

所以网络 N 吸收的功率

$$P_N = UI_1 = 5 \times 2 = 10\text{W}$$

根据 KCL 和 KVL，可得 5A 电流源两端的电压

$$U_1 = 10 \times (5 - I_1) + 10 + 50 \times 5 = 290\text{V}$$

因此电流源发出的功率为

$$P_S = 5 \times U_1 = 5 \times 290 = 1450\text{W}$$

【解题指导与点评】　求任一电路元件或任一端口电路的功率，只需找到该元件或端口电路的电压和电流，然后利用公式 $p = ui$ 即可得到。本题考查了功率公式，KCL、KVL 电流定律，其中 KCL、KVL 是最基本的应用。应用功率公式时，要注意电压和电流的参考方

向在该元件或端口电路上是否关联，以及所要求的是吸收功率还是发出功率，这些都影响最终计算结果的正、负符号。

自测题

一、选择题

1. KVL 和 KCL 不适用于（　　　）。

A. 集总参数线性电路　　　　　　　　B. 集总参数非线性电路

C. 集总参数时变电路　　　　　　　　D. 分布参数电路

2. 当题图 1-7 所示电路中的 U_S 增大为 2 倍时，则 I 应（　　　）。

A. 增大为 2 倍　　　　　　　　　　B. 增大，但非 2 倍

C. 减小　　　　　　　　　　　　　D. 不变

3. 题图 1-8 所示直流电路中，电流 I 等于（　　　）。

A. $I = \dfrac{U_S - U_1}{R_2}$　　　　　　　　　B. $I = -\dfrac{U_1}{R_1}$

C. $I = \dfrac{U_S}{R_2} - \dfrac{U_1}{R_1}$　　　　　　　D. $I = \dfrac{U_S - U_1}{R_2} - \dfrac{U_1}{R_1}$

4. 题图 1-9 所示电路中，电流 I_1 等于（　　　）。

A. 3A　　　　　　　B. 2A　　　　　　　C. 1A　　　　　　　D. 0A

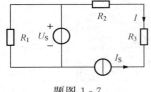

题图 1-7

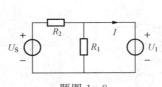

题图 1-8

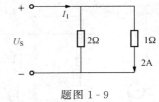

题图 1-9

二、填空题

1. 线性电阻上电压 u 与电流 i 的关系满足_____定律，当两者取关联参考方向时其表达式为_____；若电压与电流的参考方向为非关联，线性电阻的电压与电流关系式为_____。

2. 电路元件的 VCR 是指_____。

3. 电压源的定义式为_____，其端口电压与端子电流_____。

4. 独立电压源的电压可以独立存在，不受外电路控制；而受控电压源的电压不能独立存在，而受_____的控制。

5. 题图 1-10 所示各电路端口电压 u（或端子电流 i）与各独立电源参数的关系是：题图 1-10（a）：_____；题图 1-10（b）：_____；题图 1-10（c）：_____；题图 1-10（d）：_____。

6. 题图 1-11 所示电路中，$I_1 =$_____A，$I_2 =$_____A。

7. 题图 1-12 所示电路中，电流源两端电压分别为 $U_1 =$_____V，$U_2 =$_____V。

8. 题图 1-13 所示电路中，电压源功率为_____W，1Ω 电阻的功率为_____W

（注明是发出还是吸收）。

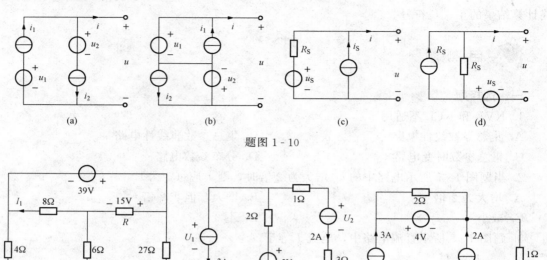

题图 1 - 10

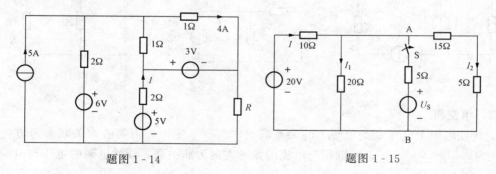

题图 1 - 11   题图 1 - 12   题图 1 - 13

9. 在题图 1 - 14 所示电路中，若 $I=0$，则电阻 R 应为 _____ Ω。

10. 在题图 1 - 15 所示电路中，欲使开关 S 闭合后各个支路的电压与电流均保持不变，则电压源 U_S 应为 _____ V。

题图 1 - 14   题图 1 - 15

三、判断题

1. 电路中某两点间的电压等于这两点的电位差，所以两点间的电压与参考点有关。

（   ）

2. 短路元件的电压为零，其电流不一定为零。开路元件的电流为零，其电压不一定为零。

（   ）

3. 电路中任意两点 a、b 之间的电压 u_{ab}，等于从 a 点沿任意一条路径到 b 点间所有元件电压的代数和。

（   ）

4. 如果电池被短路，输出的电流将最大，此时电池输出的功率也最大。   （   ）

5. 在集总参数电路中，KCL 不仅适用于任何节点，也适用于任意封闭面。   （   ）

四、计算题

1. 电路如题图 1-16 所示，求支路中的未知量。

2. 求题图 1-17 所示电路中的 U 及 I，并计算各元件消耗或产生的功率。

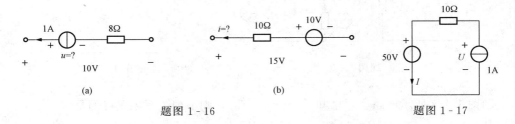

题图 1-16　　　　　　　　　　　　　　　　题图 1-17

3. 电路如题图 1-18 所示，求题图 1-18（a）中的电流 I 及题图 1-18（b）中各电源的功率。

4. 电路如题图 1-19 所示，应用 KCL 与 KVL 求电流 I、电压 U 及元件 X 吸收的功率。

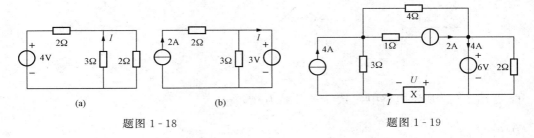

题图 1-18　　　　　　　　　　　　　　　题图 1-19

习题精选

一、选择题

1. 一个理想独立电压源的基本特性是（　　）。

A. 其两端电压与流过的电流无关；流过的电流可为任意值，由外电路即可确定

B. 其两端电压与流过的电流有关；流过的电流不为任何值，由电压源即可确定

C. 其两端电压与流过的电流无关；电流必定由电压源正极流出，可为任意值

D. 其两端电压与流过的电流有关；电流未必由电压源正极流出，可为任意值

2. 电路如题图 1-20 所示，支路电流 I_{AB} 与支路电压 U_{AB} 分别应为（　　）。

A. 0.5A 与 1.5V　　　　　　　　　　B. 0A 与 1V

C. 0A 与 -1V　　　　　　　　　　　D. 1A 与 0V

3. 电路如题图 1-21 所示，若电压源的电压 $U_S > 0$，则电路的功率情况为（　　）。

A. 仅电阻吸收功率，电压源发出功率

B. 仅电阻吸收功率，电流源发出功率

C. 电阻与电流源均吸收功率，电压源发出功率

D. 电阻与电压源均吸收功率，电流源发出功率

4. 已知电阻元件在题图 1-22（a）所选参考方向下的伏安特性如题图 1-22（b）所示，则元件的电阻为（　　）。

A. 0. 5 Ω　　　　　B. −0. 5 Ω　　　　　C. 2 Ω　　　　　D. −2 Ω

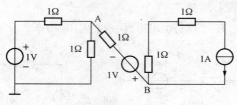
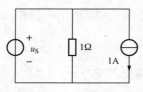

题图 1 - 20　　　　　　　　　　　　题图 1 - 21

5. 题图 1 - 23 所示电路中，已知 $R>0$，$P=ui$，则下列关系中正确的是 （　　）。

A. $P>0$　　　　　B. $P=0$　　　　　C. $P\geqslant0$　　　　　D. $P\leqslant0$

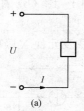
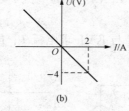
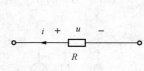

(a)　　　　　　　　(b)

题图 1 - 22　　　　　　　　　　　　题图 1 - 23

6. 题图 1 - 24 所示电路中，u、i 的关系为 （　　）。

A. $u=L\dfrac{\mathrm{d}i}{\mathrm{d}t}$　　　　　　　　B. $u=-L\dfrac{\mathrm{d}i}{\mathrm{d}t}$

C. $u=Li$　　　　　　　　D. $u=-Li$

7. 题图 1 - 25 所示电路中，u、i 的关系为 （　　）。

A. $u=Ci$　　　　　　　　B. $i=Cu$

C. $u=\dfrac{1}{C}\displaystyle\int_{-\infty}^{t}i(\xi)\,\mathrm{d}\xi$　　　　　　　　D. $i=\dfrac{1}{C}\displaystyle\int_{-\infty}^{t}u(\xi)\,\mathrm{d}\xi$

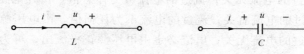
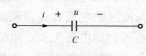

题图 1 - 24　　　　　　　题图 1 - 25

8. 在题图 1 - 26 所示电路中，若电压源 $U_\mathrm{s}=10\mathrm{V}$，电流源 $I_\mathrm{s}=1\mathrm{A}$，则（　　）。

A. 电压源与电流源都产生功率　　B. 电压源与电流源都吸收功率

C. 电压源产生功率，电流源不一定　　D. 电流源产生功率，电压源不一定

9. 当题图 1 - 27 所示电路中的 U_s 增大为 2 倍时，则 I 应（　　）。

A. 增大为 2 倍　　　　　　　　B. 增大，但非 2 倍

C. 减小　　　　　　　　D. 不变

10. 如题图 1 - 28 所示直流电路中，电流 I 等于（　　）。

A. $I=\dfrac{U_\mathrm{s}-U_1}{R_2}$　　　　　　　　B. $I=-\dfrac{U_1}{R_1}$

C. $I = \dfrac{U_s}{R_2} - \dfrac{U_1}{R_1}$　　　　　　　　　　D. $I = \dfrac{U_s - U_1}{R_2} - \dfrac{U_1}{R_1}$

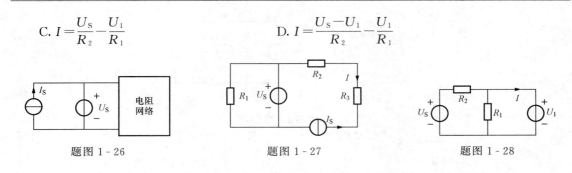

题图 1-26　　　　　　　　　题图 1-27　　　　　　　　　题图 1-28

二、填空题

1. 题图 1-29 所示电路中，电压源发出的功率是_____；电流源发出的功率是_____。（中国矿业大学 2012 年研究生入学考试试题）

2. 电路如题图 1-30 所示，应用 KCL 与 KVL，求电流 $I_1 = $_____ A；$I_2 = $_____ A；$I_3 = $_____ A。

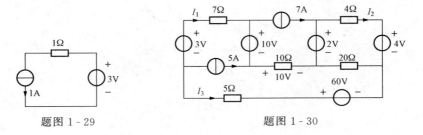

题图 1-29　　　　　　　　　　　　　　题图 1-30

3. 电路如题图 1-31 所示，其中两个电流源的端电压分别为 $U_1 = $_____ V，$U_2 = $_____ V。

4. 题图 1-32 所示电路中，电压源功率为_____ W，1Ω 电阻的功率为_____ W（注明是发出还是吸收）。

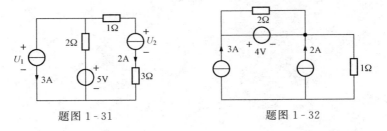

题图 1-31　　　　　　　　　　　　　题图 1-32

三、计算题

1. 题图 1-33（a）所示电路中，求两电源的功率，并指出哪个元件实际吸收功率？哪个元件实际发出功率？题图 1-33（b）所示电路中，指出哪个元件实际可能吸收或发出功率？

2. 题图 1-34 所示电路中，已知元件 A 吸收的功率为 45W，元件 B 发出的功率为 12W，元件 C 发出的功率为 60W，求 U_A、I_B 和 I_C。

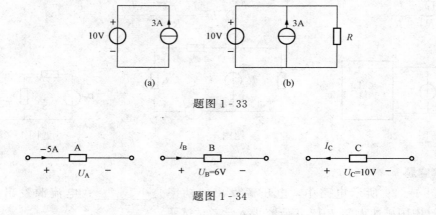

题图 1 - 33

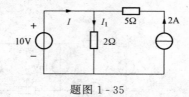

题图 1 - 34

3. 求题图 1 - 35 所示电路中各元件的功率，并验证功率平衡。

题图 1 - 35

第二章　电阻电路的等效变换

重点：电阻的串、并联等效，Y—△等效变换，独立电源的等效变换，实际电源的两种模型之间的等效变换，无源线性单口网络输入电阻的计算。

难点：电阻电路的Y—△等效变换，含受控源的单口网络输入电阻的求解，与电压源并联的元件或支路、与电流源串联的元件或支路对外电路"不起作用"。

要求：熟练掌握等效变换的概念，能正确进行串、并联电阻电路的计算，Y联结与△联结的等效变换，熟练掌握电压源（电流源）的串、并联等效变换，熟练掌握实际电源的两种模型及其等效变换，熟练掌握输入电阻的求解方法。

课题一　等效变换的概念

内容提要

① 等效

同一物体在不同的场合（情况）下，其作用效果相同，称之为等效。在电路分析中有两种形式的等效：其一，站在电源立场等效负载（电阻），即求等效电阻，如图2-1所示；其二，站在负载（电阻）立场等效电源，即求等效电源，如图2-2所示。图2-3所示电路不是等效。

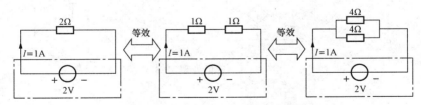

图2-1　站在电源立场等效负载

等效的多样性：等效可以是非同类元件之间进行，如交流电的有效值；等效也可以是虚拟元件之间进行，如实际电压源与实际电流源之间等效，戴维南定理与诺顿定理之间等效，晶体管的小信号模型等。

② 近似

在对一个复杂的电路进行分析时，影响该问题的因素较多。因此，忽略一些次要因素，保留主要影响因素，即抓主要矛盾或矛盾的主要方面，称为近似处理。近似处理在模拟电子技术课程中应用极为广泛。如图2-4所示。

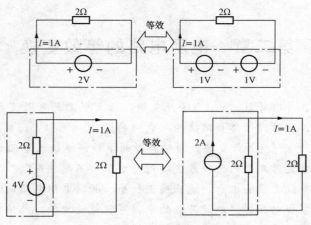

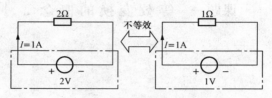

图 2-2　站在负载（电阻）立场等效电源

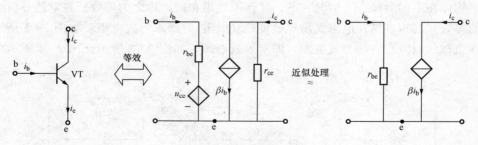

图 2-3　不等效电路

图 2-4　近似处理实例

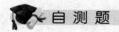 自测题

填空题

1. 两个电路能够进行等效变换的条件是_____。

2. 电路中某一部分被等效变换后，未被等效部分的_____与_____仍然保持不变。即电路的等效变换实质是_____等效。

3. 两个单口网络等效是指这两个单口网络的端口伏安曲线_____。

课题二 单一类型元件组合的等效

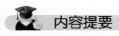 内容提要

单一类型元件的组合包括电阻的串联、并联；Y 联结和△联结；电压源的串联和并联；电流源的串联和并联。这些组合都可以分别用同样类型的一个元件来等效，其等效关系见表 2 - 1。

表 2 - 1 　　　　　　　　　　　　　　单一类型元件组合的等效关系

元件类型	组合类型	组合电路图	等效结果			
			等效类型	等效电路图	两（三）个元件组合	n 个元件组合
电阻的组合	电阻的串联	R_1 R_2	等效电阻	R_{eq}	$R_{eq}=R_1+R_2$	$R_{eq}=\sum\limits_{k=1}^{n}R_k$
	电阻的并联	R_1 R_2	等效电阻	R_{eq}	$R_{eq}=\dfrac{R_1\times R_2}{R_1+R_2}$	$G_{eq}=\sum\limits_{k=1}^{n}G_k$
	电阻 Y 联结	1 R_1 R_2 2 R_3 3	电阻△联结	1 R_{12} 2 R_{31} R_{23} 3	$R_\triangle=\dfrac{\text{Y 联结电阻两两乘积之和}}{\text{Y 联结不相邻电阻}}$	
	电阻△联结	1 R_{12} 2 R_{31} R_{23} 3	电阻 Y 联结	1 R_1 R_2 2 R_3 3	$R_Y=\dfrac{\text{两相邻△联结电阻之积}}{\text{三个△联结电阻之和}}$	
电压源的组合	电压源的串联	U_{S1} U_{S2}	等效电压源	U_{eq}	$U_{eq}=U_{S1}+U_{S2}$	n 个电压源串联 $U_{eq}=\sum\limits_{k=1}^{n}U_{Sk}$
	电压源的并联	U_S U_S	等效电压源	U_{eq}	$U_{eq}=U_S$	电压源一般不并联

元件类型	组合类型	组合电路图	等效结果			
			等效类型	等效电路图	两（三）个元件组合	n 个元件组合
电流源的组合	电流源的串联	I_S I_S	等效电流源	I_{eq}	$I_{eq} = I_S$	电流源一般不串联
	电流源的并联	I_{S1} I_{S2}	等效电流源	I_{eq}	$I_{eq} = I_{S1} + I_{S2}$	n 个电流源并联 $I_{eq} = \sum_{k=1}^{n} I_{Sk}$

典型例题

【例 2-1】　求图 2-5（a）所示电路的等效电阻 R_{ab}。

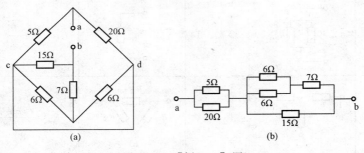

图 2-5　[例 2-1] 图

解　c、d 两点被短路线短路，为等电位点。因此 5Ω 和 20Ω 电阻都是接在 a 和 c（或 d）之间，是并联关系；同理两个 6Ω 的电阻也是并联关系。这样，图 2-5（a）就可以用图 2-5（b）等效。

再由电阻的串、并联等效可得，a、b 间的等效电阻为

$$R_{ab} = (5 /\!/ 20) + [(6 /\!/ 6) + 7] /\!/ 15 = 10\Omega$$

【解题指导与点评】　此类题目的解题关键在于正确判断电阻之间的串、并联关系。若两电阻是首尾相连就是串联，若是首首相连且尾尾相连就是并联。

【例 2-2】　求图 2-6 所示电路的等效电阻 R_{ab}，其中 $R_1 = R_2 = 1\Omega$，$R_3 = R_4 = 2\Omega$，$R_5 = 4\Omega$，$R = 2\Omega$。

解　图 2-6（a）可以等效为图 2-7 所示电路，这是一个电桥电路，由于 $R_1 = R_2$、$R_3 = R_4$，处于电桥平衡，故开关闭合与打开时的等效电阻相等，即

$$R_{ab} = (R_1 + R_3) /\!/ (R_2 + R_4) = (1 + 2) /\!/ (1 + 2) = 1.5\Omega$$

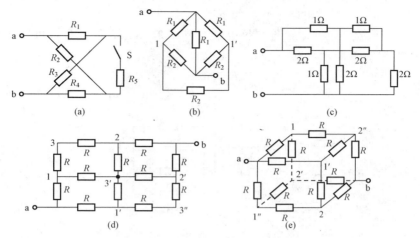

图 2 - 6　［例 2 - 2］图

图 2 - 6（b）中，节点 1、$1'$ 等电位（电桥平衡），所以 1、$1'$ 间跨接电阻 R_2 可以移去（也可以用短路线替代），故

$$R_{ab} = (R_1 + R_1) \mathbin{/\!/} (R_2 + R_2) \mathbin{/\!/} R_1 = (1+1) \mathbin{/\!/} (1+1) \mathbin{/\!/} 1 = 0.5\Omega$$

或

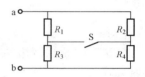

$$R_{ab} = [(R_1 \mathbin{/\!/} R_1) + (R_2 \mathbin{/\!/} R_2)] \mathbin{/\!/} R_1$$
$$= [(1 \mathbin{/\!/} 1) + (1 \mathbin{/\!/} 1)] \mathbin{/\!/} 1 = 0.5\Omega$$

图 2 - 7　［例 2 - 2］图解（a）

图 2 - 6（c）中，$(1\Omega, 1\Omega, 2\Omega)$ 和 $(2\Omega, 2\Omega, 1\Omega)$ 构成两个 Y 联结，分别将两个 Y 联结转化成等效的 △ 联结，如图 2 - 8（a）、（b）所示。

等效 △ 联结的电阻分别为

$$R_1 = \frac{1 \times 1 + 1 \times 2 + 2 \times 1}{2} = 2.5\Omega, \quad R_2 = \frac{1 \times 1 + 1 \times 2 + 2 \times 1}{1} = 5\Omega$$

$$R_3 = \frac{1 \times 1 + 1 \times 2 + 2 \times 1}{1} = 5\Omega, \quad R_1' = \frac{2 \times 2 + 2 \times 1 + 1 \times 2}{1} = 8\Omega$$

$$R_2' = \frac{2 \times 2 + 2 \times 1 + 1 \times 2}{2} = 4\Omega, \quad R_3' = \frac{2 \times 2 + 2 \times 1 + 1 \times 2}{2} = 4\Omega$$

并联两个 △，最后得图 2 - 8（c）所示的等效电路，所以

$$R_{ab} = [2 \mathbin{/\!/} (R_2 \mathbin{/\!/} R_2') + R_1 \mathbin{/\!/} R_1'] \mathbin{/\!/} (R_3 \mathbin{/\!/} R_3')$$
$$= [2 \mathbin{/\!/} (5 \mathbin{/\!/} 4) + 2.5 \mathbin{/\!/} 8] \mathbin{/\!/} (5 \mathbin{/\!/} 4)$$
$$= 1.269\Omega$$

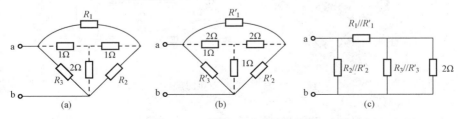

图 2 - 8　［例 2 - 2］图解（b）

图 2-6（d）是一个对称电路。解法如下：

解法一：由于节点 1 与 1′、2 与 2′等电位，节点 3、3′、3″等电位，可以分别将等电位点短接，电路如图 2-9 所示，则

$$R_{ab} = 2 \times \left(\frac{R}{2} + \frac{R}{4} \right) = \frac{3}{2} R = 3\Omega$$

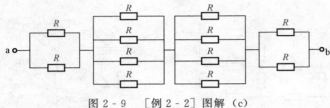

图 2-9　［例 2-2］图解（c）

解法二：将电路从中心点断开（因断开点间的连线没有电流），如图 2-10（a）所示。则

$$R_{ab} = \frac{2 \times (2R /\!/ 2R)}{2} = \frac{3}{2} R = 3\Omega$$

解法三：根据网络结构的特点，令各支路电流如图 2-10（b）所示，则左上角的网孔回路方程为

$$2Ri_2 = 2Ri_1$$

故

$$i_2 = i_1$$

由节点①的 KCL 方程

$$0.5i = i_2 + i_1 = 2i_2 = 2i_1$$

得

$$i_2 = i_1 = \frac{1}{4} i$$

由此得端口电压 $\qquad u_{ab} = R \times 0.5i + 2R \times \frac{1}{4} i + R \times 0.5i = \frac{3}{2} Ri$

所以

$$R_{ab} = \frac{u_{ab}}{i} = \frac{3}{2} R = 3\Omega$$

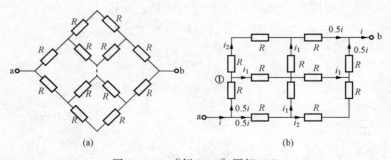

图 2-10　［例 2-2］图解（d）

图 2-6（e）是一个对称电路。解法如下：

解法一：由对称性可知，节点 1、$1'$、$1''$ 等电位，节点 2、$2'$、$2''$ 等电位，连接等电位点，得图 2 - 11 （a）所示电路。则

$$R_{ab} = \frac{R}{3} + \frac{R}{6} + \frac{R}{3} = \frac{5R}{6} = 1.667\Omega$$

解法二：根据电路的结构特点，得各支路电流的分布如图 2 - 11 （b）所示。由此得端口电压

$$u_{ab} = \frac{1}{3}i \times R + \frac{1}{6}i \times R + \frac{1}{3}i \times R = \frac{5}{6}i \times R$$

所以

$$R_{ab} = \frac{u_{ab}}{i} = \frac{5}{6}R = 1.667\Omega$$

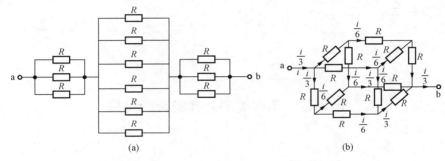

图 2 - 11　　[例 2 - 2] 图解 （e）

【解题指导与点评】　　本题等效电阻（或输入电阻）的计算过程说明，判别电路中电阻的串、并联关系是分析混联电路的关键。一般应掌握以下几点：

（1）根据电压、电流关系判断。若流经两电阻的电流是同一电流，则为串联；若两电阻上承受的是同一电压，则为并联。注意不要被电路中的一些短接线所迷惑，对短接线可以作压缩或伸长处理。

（2）根据电路的结构特点，如对称性、电桥平衡等，找出等电位点，连接或断开等电位点之间的支路，把电路变换成简单的并联形式。

（3）应用 Y—△ 等效变换把电路转化成简单的串、并联形式，再加以计算分析。但要明确，Y—△ 等效变换是多端子结构等效，除正确使用变换公式计算各阻值之外，务必正确连接各对应端子，注意不要把本是串、并联的问题看作 Y—△ 结构进行变换等效，使计算更加复杂化。

自测题

一、选择题

题图 2 - 1 所示电路中，已知 $U_S = 4V$，$R_1 = 10\Omega$，$R_2 = 30\Omega$，$R_3 = 60\Omega$，$R_4 = 20\Omega$，则 a、b 间的端电压 U 等于（　　）。

A. 3V

B. 2V

C. −1V

D. −2V

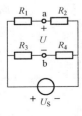

题图 2 - 1

二、填空题

1. 电阻串联电路中，阻值较大的电阻上分压较_____，功率较_____。

2. 当把电阻为 $R_{12}=R_{23}=R_{31}=R_\Delta$ 的三角形电路等效成星形电路时，其星形电阻为_____。

3. 题图 2-2 所示电路中，已知 $R_1=R_2=R_3=12\Omega$，则 a、b 间的总电阻应为_____。

4. 题图 2-3 所示电路中，$R_{ab}=$_____，$R_{cd}=$_____。

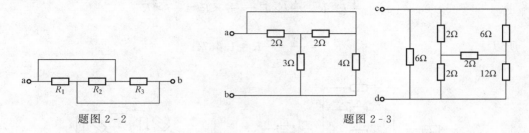

題图 2-2　　　　　　　　　　　题图 2-3

课题三　不同类型元件组合的等效

内容提要

不同类型元件的组合包括电阻与电压源的串、并联，电阻与电流源的串、并联，电压源与任意元件的并联以及电流源与任意元件的串联。其等效关系见表 2-2。

表 2-2　　　　　　　　　　　　不同类型元件组合的等效关系

元件类型	组合类型	组合电路图	等效结果	
			等效类型	等效电路图
电阻与电压源的组合	电阻与电压源的串联组合		等效电阻与电流源的并联组合 $I_S=\dfrac{U_S}{R}$	
	电阻与电压源的并联组合		等效电压源 U_S	

续表

元件类型	组合类型	组合电路图	等效结果	
			等效类型	等效电路图
电阻与电流源的组合	电阻与电流源的串联组合	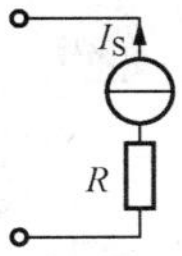 I_S、R 串联	等效电流源 I_S	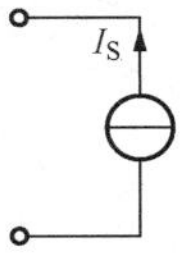 I_S
	电阻与电流源的并联组合	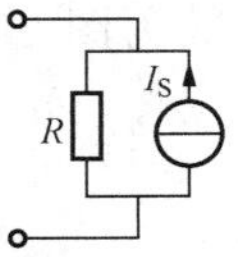 R、I_S 并联	等效电阻与电压源的串联组合 $U_S = I_S R$	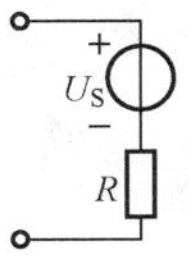 U_S、R 串联
电压源与电流源的组合	电压源与电流源的串联组合	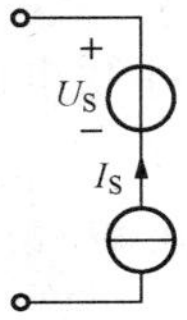 U_S、I_S 串联	等效电流源 I_S	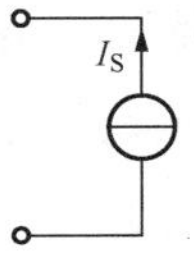 I_S
	电压源与电流源的并联组合	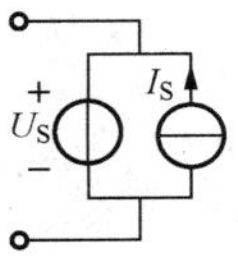 U_S、I_S 并联	等效电压源 U_S	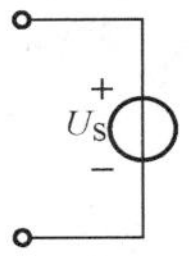 U_S
电压源与任意元件的并联		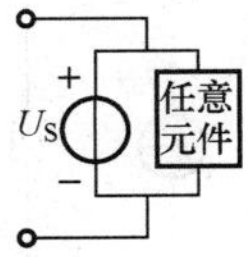 U_S、任意元件 并联	等效电压源 U_S	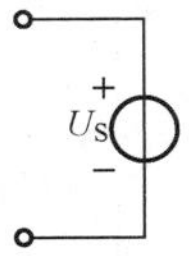 U_S
电流源与任意元件的串联		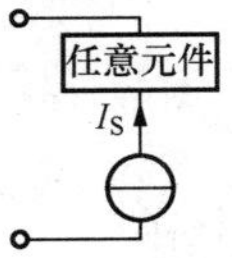 任意元件、I_S 串联	等效电流源 I_S	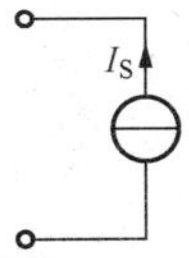 I_S

典型例题

【例 2 - 3】 在图 2 - 12 （a） 中，$u_{S1}=45V$，$u_{S2}=20V$，$u_{S4}=20V$，$u_{S5}=50V$，$R_1=R_3=15\Omega$，$R_2=20\Omega$，$R_4=50\Omega$，$R_5=8\Omega$；在图 2 - 12 （b） 中，$u_{S1}=20V$，$u_{S5}=30V$，$i_{S2}=8A$，$i_{S4}=17A$，$R_1=5\Omega$，$R_3=10\Omega$，$R_5=10\Omega$。利用电源的等效变换求图 2 - 12 （a）、（b） 中电压 u_{ab}。

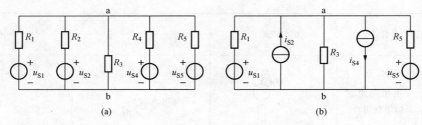

图 2 - 12　　［例 2 - 3］图

解　利用电源的等效变换，将图 2 - 12（a）等效为图 2 - 13（a），其中

$$i_{S1}=\frac{u_{S1}}{R_1}=\frac{45}{15}=3\text{A},\quad i_{S2}=\frac{u_{S2}}{R_2}=\frac{20}{20}=1\text{A}$$

$$i_{S4}=\frac{u_{S4}}{R_4}=\frac{20}{50}=0.4\text{A},\quad i_{S5}=\frac{u_{S5}}{R_5}=\frac{50}{8}=6.25\text{A}$$

将所有并联的电流源等效为一个电流源，所有并联电阻等效为一个电阻，如图 2 - 13（b）所示，其中

$$i_S=i_{S1}+i_{S2}-i_{S4}+i_{S5}=3+1-0.4+6.25=9.85\text{A}$$

$$R=R_1/\!/R_2/\!/R_3/\!/R_4/\!/R_5=15/\!/20/\!/15/\!/50/\!/8=\frac{600}{197}\Omega$$

所以

$$u_{ab}=i_SR=9.85\times\frac{600}{197}=30\text{V}$$

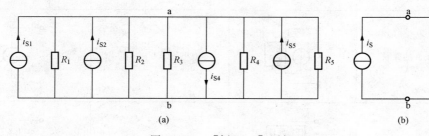

图 2 - 13　　［例 2 - 3］图解（a）

图 2 - 12（b）可以等效变换为图 2 - 14（a），其中

$$i_{S1}=\frac{u_{S1}}{R_1}=\frac{20}{5}=4\text{A},\quad i_{S5}=\frac{u_{S5}}{R_5}=\frac{30}{10}=3\text{A}$$

将所有并联的电流源等效为一个电流源，所有并联电阻等效为一个电阻，如图 2 - 14（b）所示，其中

$$i_S=i_{S1}+i_{S2}-i_{S4}+i_{S5}=4+8-17+3=-2\text{A}$$
$$R=R_1/\!/R_3/\!/R_5=5/\!/10/\!/10=2.5\Omega$$

所以

$$u_{ab}=i_SR=-2\times2.5=-5\text{V}$$

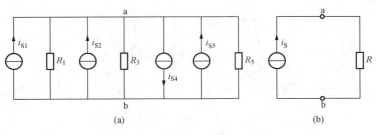

图 2 - 14　［例 2 - 3］图解（b）

【解题指导与点评】　应用电源模型的等效变换分析电路问题时要注意，等效变换是将理想电压源与电阻的串联模型和理想电流源与电阻的并联模型互换，其互换关系为：在量值上满足 $u_S = Ri_S$ 或 $i_S = \dfrac{u_S}{R}$；在方向上 i_S 的参考方向由 u_S 的负极指向正极。这种等效是对模型输出端子上的电流和电压等效。需要明确的是，理想电压源与理想电流源之间不能等效互换。

【例 2 - 4】　已知 $R_1 = R_2 = 2\Omega$，$R_3 = R_4 = 1\Omega$。利用电源的等效变换，求图 2 - 15 所示电路中的电压比 $\dfrac{u_0}{u_S}$。

解　解法一：利用电源的等效变换，原电路可以等效为图 2 - 16（a）所示的单回路电路，对回路列写 KVL 方程，有

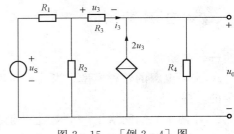

图 2 - 15　［例 2 - 4］图

$$R_{12} = \frac{R_1 \times R_2}{R_1 + R_2} = \frac{2 \times 2}{2 + 2} = 1\Omega$$

$$(R_{12} + R_3 + R_4)i + 2R_4 u_3 = \frac{1}{2}u_S$$

将 $u_3 = R_3 i$ 代入上式，则

$$i = \frac{\dfrac{1}{2}u_S}{R_{12} + R_3 + R_4 + 2R_3 R_4} = \frac{\dfrac{1}{2}u_S}{1 + 1 + 1 + 2} = \frac{1}{10}u_S$$

所以输出电压

$$u_0 = R_4 i + 2R_4 u_3 = (R_4 + 2R_3 R_4)i = \frac{3}{10}u_S$$

即

$$\frac{u_0}{u_S} = \frac{3}{10} = 0.3$$

解法二：因为受控电流源的电流为 $2u_3 = 2i_3 R_3 = 2i_3 \times 1$，即受控电流源的控制量可以改为 i_3。原电路可以等效为图 2 - 16（b）所示的单独立节点电路，则

$$u_0 = R_4 i_4 = R_4 (i_3 + 2i_3) = 3i_3$$

即

$$i_3 = \frac{u_0}{3}$$

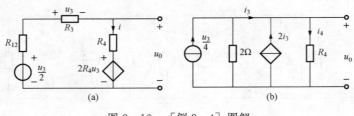

图 2 - 16　［例 2 - 4］图解

又因
$$i_3=\frac{1}{4}u_S-\frac{u_0}{2}$$

即
$$\frac{u_0}{3}=\frac{1}{4}u_S-\frac{u_0}{2}$$

所以
$$u_0=0.3u_S$$
$$\frac{u_0}{u_S}=0.3$$

【解题指导与点评】　本题说明，当受控电压源与电阻串联或受控电流源与电阻并联时，均可仿效独立电源的等效方法进行电源互换等效。需要注意的是，控制量所在的支路不要变换。若要变换，则必须注意控制量的改变，不要丢失了控制量。

自测题

一、判断题

1. 实际电源的两种模型，当其相互等效时，意味着两种模型中的电压源和电流源对外提供的功率相同。　　　　　　　　　　　　　　　　　　　　　　　　　　　（　　）

2. 在两个二端网络 N_1 和 N_2 上分别施加某一相同电压时，若这两个二端网络的电流相等且方向相同，则 N_1 与 N_2 一定等效。　　　　　　　　　　　　　　　　（　　）

二、选择题

1. 对于题图 2 - 4 所示电路，就外特性而言，则（　　）。

A. a、b 等效　　　　　　　　　　B. a、d 等效

C. a、b、c、d 均等效　　　　　　D. b、c 等效

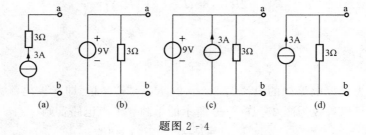

题图 2 - 4

2. 在题图 2 - 5 所示电路中，N 为纯电阻网络，对于此电路，有（　　）。

A. U_S、I_S 都发出功率

B. U_S、I_S 都吸收功率

C. I_S 发出功率，U_S 不一定

D. U_S 发出功率，I_S 不一定

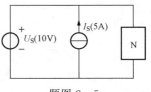

题图 2 - 5

三、填空题

1. 题图 2 - 6（a）所示电路与题图 2 - 6（b）所示电路等效，则在题图 2 - 6（b）所示电路中，$I_S =$ _____ A，$R =$ _____ Ω。

2. 题图 2 - 7 所示电路 a、b 二端可等效为一个电路元件，这个元件是 _____。

3. 从外特性来看，任何一条电阻支路与电压源 u_S _____ 联，其结果可以用一个等效电压源替代，该等效电压源电压为 _____。

4. 从外特性来看，任何一条电阻支路与电流源 i_S _____ 联，其结果可以用一个等效电流源替代，该等效电流源电流为 _____。

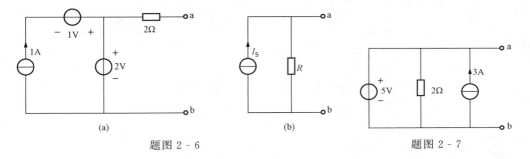

题图 2 - 6 　　　　　　　　　　　　　題图 2 - 7

四、计算题

1. 计算题图 2-8 所示电路中的电流 I。

2. 利用电源等效变换法求题图 2-9 所示电路中的电流 I_1 和 I_2，以及电压源发出的功率和 18Ω 电阻消耗的功率。

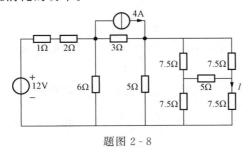

题图 2 - 8

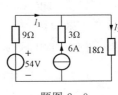

题图 2 - 9

3. 求题图 2-10 所示电路中的电流 I。

4. 用电源等效变换法求题图 2-11 所示电路中的电流 I。

5. 利用电源等效变换法求题图 2-12 所示电路中的电流 I。

6. 利用电源等效变换法求题图 2-13 所示电路中的电流源端电压 u。

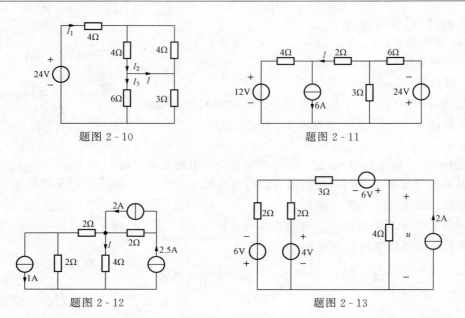

题图 2-10　　　　　　　　　　　　　　题图 2-11

题图 2-12　　　　　　　　　　　　　题图 2-13

课题四　输　入　电　阻

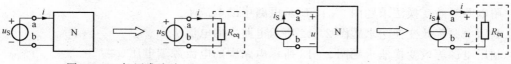　内容提要

对于一个不含独立源的一端口电路，不论内部电路如何复杂，其端口电压和端口电流成正比，定义这个比值为一端口电路的输入电阻 R_{in}，即 $R_{in}=u/i$。

由于无源单口网络总可以用一个电阻来进行等效，因此，在一般情况下，其输入电阻实质上是其等效电阻，即 $R_{in}=R_{eq}$。

单口网络的等效电阻 R_{eq} 的求取方法：

（1）如果一端口内部仅含电阻，则应用电阻的串、并联和 Y−△ 变换等方法求其等效电阻，输入电阻等于等效电阻；

（2）对含有受控源和电阻的一端口电路，应用在端口外加电源法求输入电阻：加电压源，求得电流（加压求流法，如图 2-17 所示，$R_{eq}=\dfrac{u_S}{i}$）；或加电流源，求电压（加流求压法，如图 2-18 所示，$R_{eq}=\dfrac{u}{i_S}$）。然后计算电压和电流的比值，得到输入电阻。

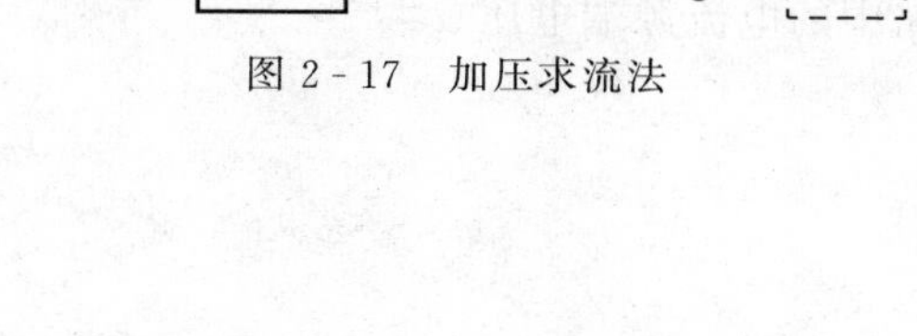

图 2-17　加压求流法 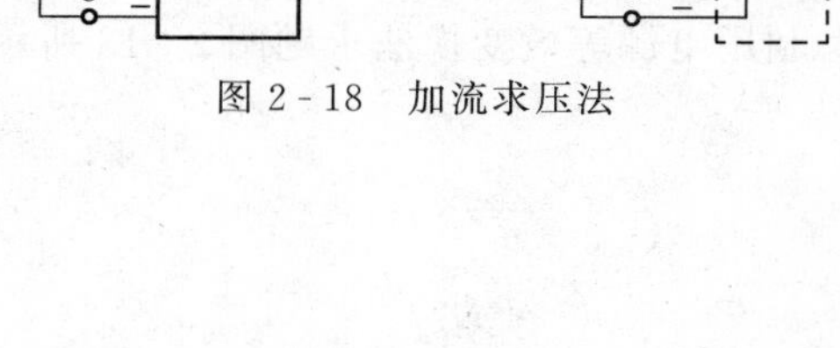　　　　　　　　　　图 2-18　加流求压法

典型例题

【例2-5】　求图2-19（a）所示电路的输入电阻。

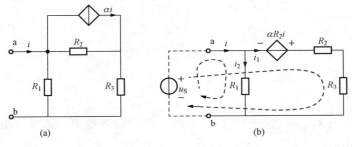

图2-19　［例2-5］图

解　将受控电流源和电阻 R_2 的并联等效为受控电压源 $\alpha R_2 i$ 与电阻 R_2 的串联，由于电路中含有受控源，因此采用加压求流法求输入电阻，如图2-19（b）所示。

分别对两个回路列 KVL 方程

$$u_S = -\alpha R_2 i + (R_2 + R_3)i_1$$
$$u_S = R_1 i_2$$

对节点列 KCL 方程

$$i = i_1 + i_2$$

即

$$i_1 = i - i_2 = i - \frac{u_S}{R_1}$$

所以，输入电阻

$$R_{in} = \frac{u_S}{i} = \frac{R_1 R_3 + (1-\alpha)R_1 R_2}{R_1 + R_2 + R_3}$$

【例2-6】　求图2-20（a）所示电路的输入电阻。

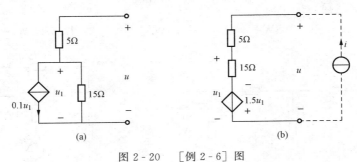

图2-20　［例2-6］图

解　将受控电流源和15Ω电阻的并联等效为受控电压源 $1.5u_1$ 与15Ω电阻的串联。由于电路中含有受控源，因此可采用加流求压法来求输入电阻，如图2-20（b）所示。

由 KVL 可知

$$u = 5i + 15(i - 0.1u_1) = 20i - 1.5u_1$$

又

$$u_1 = 15(i - 0.1u_1)$$

可得

$$u_1 = 6i$$

所以

$$u = 11i$$

输入电阻

$$R_{in} = \frac{u}{i} = 11\Omega$$

【解题指导与点评】　　不含独立源的一端口电路的输入电阻（或等效电阻）定义为端口电压和端口电流的比值，即 $R_{in} = \frac{u}{i}$。在求输入电阻时，①对仅含电阻的一端口电路，常用简便的电阻串联、并联和 Y—△ 变换等方法来求解；②对含有受控源的一端口电阻电路，则必须按定义来求，即在端子间加电压源 u 或加电流源 i（如本题的求解），来求得端口电压和电流的比值。

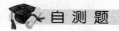　　**自测题**

题图 2-14 所示电路的输入电阻为_____。

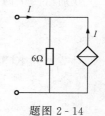

题图 2-14

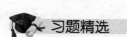　**习题精选**

一、选择题

1. 题图 2-15 所示电路中，电流 I 为（　　）。

A. 0　　　　　　B. 3A　　　　　　C. 1A　　　　　　D. 2A

2. 题图 2-16 所示电路中，5A 电流源提供的功率为（　　）。（上海交通大学 2007 年硕士研究生入学考试试题）

A. -87.5 W　　　B. 17.5 W　　　C. 75 W　　　D. 87.5 W

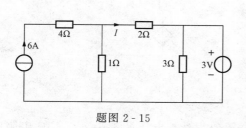

题图 2-15

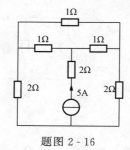

题图 2-16

3. 题图 2-17 所示电路中，N_A 和 N_B 均为含源线性电阻网络，3Ω 电阻的端电压 U 应为（　　）。（上海交通大学 2005 年硕士研究生入学考试试题）

A. 不能确定   B. −6V   C. 2V   D. −2V

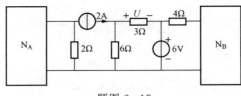

题图 2-17

二、计算题

1. 试求题图 2-18 所示电路中 a、b 两端的输入电阻 R_{ab}。（北京科技大学 2008 年研究生入学考试试题）

2. 求题图 2-19 所示电路中的入端电阻 R_{ab}、R_{cd}。（河南理工大学 2011 年硕士研究生入学考试试题）

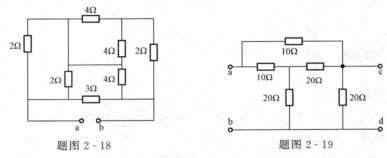

题图 2-18   题图 2-19

3. 将题图 2-20 所示各电路简化为一个电压源-电阻串联组合。

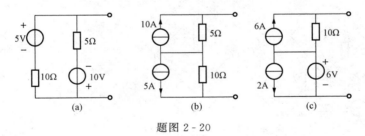

(a)   (b)   (c)

题图 2-20

4. 求题图 2-21 所示两电路的输入电阻 R_{ab}。

5. 题图 2-22 所示电路中，CCVS 的电压 $u_C = 4i_1$，利用电源的等效变换求电压 u_{10}。

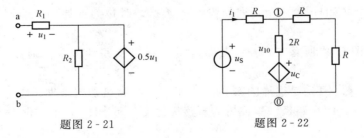

题图 2-21   题图 2-22

第三章　电阻电路的一般分析

重点：KCL 和 KVL 独立方程数，节点电压法，回路电流法（网孔电流法）。

难点：独立回路的确定，正确理解每一种分析方法的依据，含独立电流源和受控电流源电路的回路电流方程的列写，含独立电压源和受控电压源电路的节点电压方程的列写。

　要求：理解 KVL、KCL 的独立方程数，掌握支路电流法，掌握回路电流法，掌握节点电压法。

课题一　电路的图、基尔霍夫定律的独立方程数、支路电流法

内容提要

1　电路的图

　电路的图是用以表示电路几何结构的图形，图中的支路和节点与电路的支路和节点一一对应，如图 3-1 所示，所以电路的图是点线的集合。通常将电压源与无源元件的串联、电流源与无源元件的并联作为复合支路，用一条支路表示。如图 3-1（c）所示。

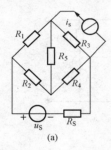
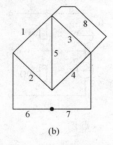
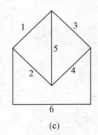

图 3-1　电路和电路的图

　有向图——标定了支路方向（电流方向）的图为有向图。

　连通图——图 G 的任意两节点间至少有一条路经时称为连通图，非连通图至少存在两个分离部分。

　子图——若图 G_1 中所有支路和节点都是图 G 中的支路和节点，则称 G_1 是图 G 的一个子图。

　树（T）——树（T）是连通图 G 的一个子图，且满足下列条件：①连通；②包含图 G 中所有节点；③不含闭合路径。构成树的支路称树支；属于图 G 而不属于树（T）的支路称为连支。

　注意　①对应一个图有很多的树；②树支数一定，为节点数减 1，即 $b_t = n-1$；③连支数为 $b_l = b - b_t = b - (n-1)$。

回路——回路 L 是连通图 G 的一个子图，构成一条闭合路径，并满足条件：①连通；②每个节点关联 2 条支路。

注意　①对应一个图有很多回路；②基本回路数一定，为连支数；③对于平面电路，网孔数为基本回路数，即 $l=b_l=b-(n-1)$。

基本回路（单连支回路）——基本回路具有独占的一条连支，即基本回路具有别的回路所没有的一条支路。

结论：电路中节点、支路和基本回路关系为

支路数＝树支数＋连支数＝节点数－1＋基本回路数，即

$$b=n-1+l$$

2　基尔霍夫定律的独立方程数

n 个节点的电路，独立的 KCL 方程为 $n-1$ 个，即求解电路问题时，只需选取 $n-1$ 个节点来列出 KCL 方程；KVL 的独立方程数等于基本回路数（$l=b-n+1$），即求解电路问题时，只需选取 $b-n+1$ 个独立回路（可借助树找单连支回路）来列出 KVL 方程。

3　支路电流法

在上述方法中，对 $b-(n-1)$ 个回路电压方程中的支路电压，代入以支路电流为变量表示的 VCR 式，便可得出 b 个支路电流表示的 $b-(n-1)$ 个独立回路电压方程。于是，$(n-1)$ 个独立节点电流方程和 $b-(n-1)$ 个独立回路电压方程，共有 b 个以支路电流为变量的独立电路方程。由 b 个独立电路方程，便可以解出 b 个支路电流变量，再根据支路的伏安关系，便可得出 b 个支路电压。这种分析方法，称为支路电流法。

支路电流方程的列写步骤：

（1）标定各支路电流（电压）的参考方向。

（2）从电路的 n 个节点中任意选择 $(n-1)$ 个节点列写 KCL 方程。

（3）选择基本回路，指定回路的绕行方向，结合元件的特性方程列出 $b-(n-1)$ 个 KVL 方程

$$\sum R_k i_k = \sum u_{Sk}$$

其中，方程左边为该回路中所有电阻电压的代数和，如果支路电流的参考方向和回路的绕行方向相同取"＋"，相反取"－"；方程右边为该回路中所有电压源电压的代数和，如果电压源电压的参考方向和回路的绕行方向相反取"＋"，相同取"－"（升加降减）。

（4）求解上述方程，得到 b 个支路电流。

（5）进一步计算支路电压，并进行其他分析。

注意　支路电流法列写的是 KCL 和 KVL 方程，所以方程列写方便、直观，但方程数较多，宜于利用计算机求解。人工计算时，适用于支路数不多的电路。

典型例题

【例 3-1】　图 3-2 所示为电路的有向图，画出三种可能的树及其对应的基本回路。

解　由图 3-2 可知该电路的节点数 $n=5$，支路数 $b=8$。因此其树支数 $b_t=n-1=4$，基本回路数 $l=b-n+1=4$。由此可以选择三个不同的树如图 3-3 所示。在每一种树的基础

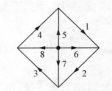

图 3-2　［例 3-1］图

上，找到其对应的单连支回路如图 3-4 所示。

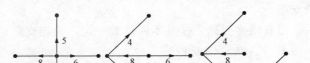

图 3-3　对应［例 3-1］图的三个树

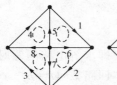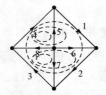

图 3-4　对应［例 3-1］图三个树的基本回路

【例 3-2】　列写图 3-5 所示电路的支路电流方程（电路中含有理想电流源）。

解　解法一：对节点 a 列写 KCL 方程：$-I_1-I_2+I_3=0$

选两个网孔为独立回路，设电流源两端电压为 U，列写 KVL 方程

网孔 1　　　　　　　　　　　$7I_1-11I_2=70-U$

网孔 2　　　　　　　　　　　$11I_2+7I_3=U$

由于多出一个未知量 U，需增补一个方程

$$I_2=6A$$

求解以上方程即可得各支路电流。

解法二：由于支路电流 I_2 已知，故只需列写两个方程

对节点 a 列写 KCL 方程

$$-I_1-6+I_3=0$$

避开电流源支路取回路，如图 3-6 选大回路，列写 KVL 方程

$$7I_1+7I_3=70$$

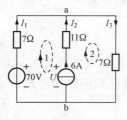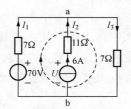

图 3-5　［例 3-2］图　　　图 3-6　［例 3-2］解法 2 示意图

【解题指导与点评】　对含有理想电流源的电路，列写支路电流方程有两种方法：一是设电流源两端电压，把电流源看作电压源来列写方程，然后增补一个方程，即令电流源所在支路电流等于电流源的电流；二是避开电流源所在支路列写 KVL 方程，把电流源所在支路

的电流作为已知。

【例 3 - 3】　列写图 3 - 7 所示电路的支路电流方程（电路中含有受控源）。

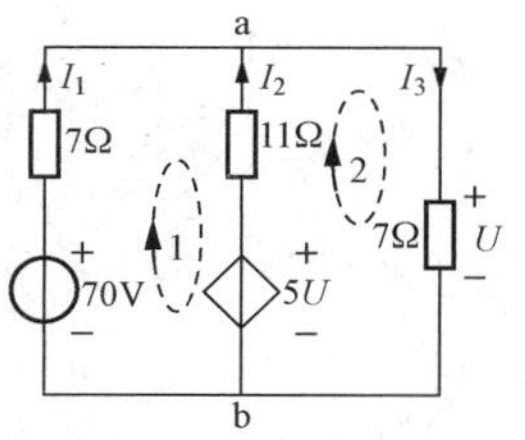

解　对节点 a 列 KCL 方程　　$-I_1-I_2+I_3=0$

选两个网孔为独立回路，列写 KVL 方程

网孔 1　　　　　$7I_1-11I_2=70-5U$

网孔 2　　　　　$11I_2+7I_3=5U$

由于受控源的控制量 U 是未知量，需增补一个方程

$$U=7I_3$$

整理以上方程，消去控制量 U，得支路电流方程

$$\begin{cases} -I_1-I_2+I_3=0 \\ 7I_1-11I_2+35I_3=70 \\ 11I_2-28I_3=0 \end{cases}$$

图 3 - 7　［例 3 - 3］图

【解题指导与点评】　对含有受控源的电路，方程列写需分两步：①先将受控源看作独立源列写方程；②将控制量用支路电流表示，并代入所列方程，消去控制量。

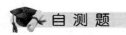 自 测 题

一、选择题

1. 题图 3 - 1 所示有向图中，已知 $I_1=1A$，$I_3=3A$，$I_5=5A$，则 I_2、I_4 分别为（　　）。

A. $-2A$，$2A$　　　　B. $2A$，$-2A$　　　　C. $-2A$，$-2A$　　　　D. $2A$，$2A$

2. 某电路的图 G 如题图 3 - 2 所示，其中构成 G 的树的支路集合是（　　）。

A. {2，3，4，6}　　B. {1，2，5，8}　　C. {1，2，3，7}　　D. {2，3，5，6}

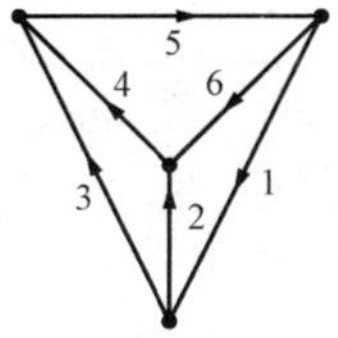

题图 3 - 1

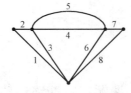

题图 3 - 2

二、判断题

1. 节点数为 5、支路数为 10 的连通图，树支数等于 4，连支数等于 6。　　　　　　（　　）

2. 从任何一个节点出发，至少存在一条由支路构成的路径到达任何另一个节点，这样的图称为连通图。　　　　　　（　　）

3. {5，6，2，7，8，3} 支路集合是题图 3 - 3 的一个树。　　　　　　（　　）

4. 不存在回路、但所有节点仍互相连通的子图，叫图的树。　　　　　　（　　）

5. 在图的一个树上，每增加一条连支，就增加一个回路。　　　　　　（　　）

三、填空题

1. n 个节点、b 条支路的连通图，其树支数为_____，连支数为_____。

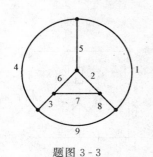

题图 3-3

2. 一个具有 b 条支路和 n 个节点的平面连通网络，可列写_____个独立的 KCL 方程，_____个独立的 KVL 方程。

四、计算题

1. 如题图 3-4 所示电路的图 G，画出 4 个不同的树，并指出树支数各为多少？

2. 题图 3-5 所示电路共可画出 16 个不同的树，试列出 4 个树。

3. 题图 3-6 所示电路中，任选一树并确定其基本回路组，同时指出独立回路数和网孔数各为多少？

4. 如题图 3-6 所示电路，求各支路电流。

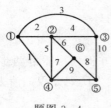

题图 3-4

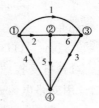

题图 3-5

5. 用支路电流法求题图 3-7 所示电路中的电流 i_5。

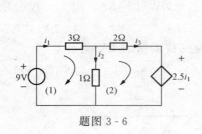

题图 3-6

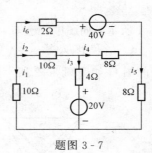

题图 3-7

课题二　回路电流法（网孔电流法）

内容提要

　　一个有 n 个节点、b 条支路的网络，有 $b-(n-1)$ 个独立回路。沿每一个独立回路流经的假想电流，称为回路电流。以 $b-(n-1)$ 个回路电流为变量，对每一个回路列写一个 KVL 方程，称为回路方程。因此，共有 $b-(n-1)$ 个回路方程，联立求解回路方程组，得出 $b-(n-1)$ 个回路电流。通过回路电流可以直接求出 b 个支路电流，根据支路的 VCR 便可求出 b 个支路电压。这种列写和求解回路方程的分析法，称为回路电流法。

　　回路电流在独立回路中是闭合的，对于每个相关节点，回路电流流进一次，必流出一次，所以回路电流自动满足 KCL。因此回路电流法是对基本回路列写 KVL 方程，方程数为：$b-(n-1)$。与支路电流法相比，方程数减少 $n-1$ 个。

应用回路法分析电路的关键是如何简便、正确地列写出以回路电流为变量的回路电压方程。

对于具有 $l=b-(n-1)$ 个基本回路的电路，回路（网孔）电流方程的标准形式为

$$\begin{cases} R_{11}i_{l1}+R_{12}i_{l2}+\cdots+R_{1l}i_{ll}=u_{S11} \\ R_{21}i_{l1}+R_{22}i_{l2}+\cdots+R_{2l}i_{ll}=u_{S22} \\ \qquad\qquad\qquad\vdots \\ R_{l1}i_{l1}+R_{l2}i_{l2}+\cdots+R_{ll}i_{ll}=u_{Sll} \end{cases}$$

其中：自电阻 R_{kk} 为正；互电阻 $R_{jk}=R_{kj}$ 可正可负，当流过互电阻的两个回路电流方向相同时为正，反之为负；等效电压源 u_{Skk} 中的电压源电压方向与该回路电流方向一致时，u_{Skk} 取减号；反之取加号。

注意　当电路不含受控源时，回路电流方程的系数矩阵为对称矩阵。

回路电流法的一般步骤为：

（1）选定 $l=b-(n-1)$ 个独立回路，并确定其绕行方向。

（2）对 l 个独立回路，以回路电流为未知量，列写 KVL 方程。

（3）求解上述方程，得到 l 个回路电流。

（4）求各支路电流（用回路电流表示）。

（5）其他分析。

如果选定网孔为独立回路，则该方法称为网孔电流法，网孔电流方程的一般形式和回路电流方程很相似，即

$$\begin{cases} R_{11}i_{m1}+R_{12}i_{m2}+\cdots+R_{1m}i_{mm}=u_{S11} \\ R_{21}i_{m1}+R_{22}i_{m2}+\cdots+R_{2m}i_{mm}=u_{S22} \\ \qquad\qquad\qquad\vdots \\ R_{m1}i_{m1}+R_{m2}i_{m2}+\cdots+R_{mm}i_{mm}=u_{Smm} \end{cases}$$

网孔电流方程的系数以及方程右边的电压源电压的意义、正负取值，都与回路电流法相同。当所有的网孔电流都取顺时针（或逆时针）方向绕行时，方程中所有的互电阻都是负的。网孔电流法仅适用于平面电路。

典型例题

【例 3-4】　如图 3-8 所示电路，试用网孔电流法求各支路电流。

解　设网孔回路编号、网孔电流及其参考方向如图 3-8 所示。

列写网孔方程（暂时将受控电压源当作理想电压源，写在方程右侧）

$$\begin{cases} (2+3+1)i_{m1}-1\times i_{m2}-3i_{m3}=0 \\ -1\times i_{m1}+(1+3)i_{m2}-3i_{m3}=18-12 \\ -3i'_{m1}-3i_{m2}+(3+2+3)i_{m3}=12-2U \end{cases}$$

增补方程（受控源控制量用网孔电流表示）

$$U=1\times(i_{m2}-i_{m1})$$

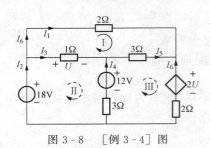

图 3-8　［例 3-4］图

联立求解，得
$$i_{m1}=1.295\text{A}, \quad i_{m2}=0.614\text{A}, \quad i_{m3}=2.386\text{A}$$

各支路电流

$$I_1=i_{m1}=1.295\text{A}$$
$$I_2=i_{m2}=0.614\text{A}$$
$$I_3=i_{m2}-i_{m1}=-0.681\text{A}$$
$$I_4=i_{m3}-i_{m2}=1.732\text{A}$$
$$I_5=i_{m3}-i_{m1}=1.091\text{A}$$
$$I_6=-i_{m3}=-2.386\text{A}$$

【解题指导与点评】　　本题是应用网孔电流法求解含受控源平面网络。节点数为 4，支路数为 6，故网孔数为 3。以 3 个网孔电流为变量，按 KVL 可以列出 3 个网孔方程。含受控电压源网孔方程中，受控电压源的控制量应以网孔电流表示。解出网孔电流后，根据支路电流与网孔电流的关系，算出各支路电流。

【例 3-5】　　写图 3-9 中所示电路的回路电流方程（电路中含有无伴理想电流源）。

解　解法一：选取网孔为独立回路。

选取网孔为独立回路，如图 3-10（a）所示，引入电流源电压 U，则回路方程为

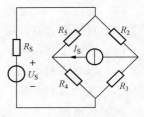

图 3-9　［例 3-5］图

$$\begin{cases} (R_S+R_1+R_4)i_{m1}-R_1i_{m2}-R_4i_{m3}=U_S \\ -R_1i_{m1}+(R_1+R_2)i_{m2}=U \\ -R_4i_{m1}+(R_3+R_4)i_{m3}=-U \end{cases}$$

由于多出一个未知量 U，需增补一个方程，即增加回路电流和电流源电流的关系方程

$$I_S=i_{m2}-i_{m3}$$

解法二：选取独立回路，使理想电流源支路仅仅属于一个回路，如图 3-10（b）所示。

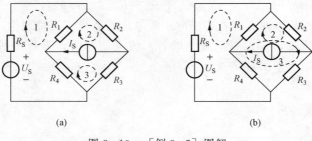

(a)　　　　　　　　　　　　　　　(b)

图 3-10　［例 3-5］图解

该回路电流等于 I_S。回路电流方程为

$$\begin{cases} (R_S+R_1+R_4)i_{l1}-R_1i_{l2}-(R_1+R_4)i_{l3}=U_S \\ i_{l2}=I_S \\ -(R_1+R_4)i_{l1}+(R_1+R_2)i_{l2}+(R_1+R_2+R_3+R_4)i_{l3}=0 \end{cases}$$

【解题指导与点评】　　对含有无伴理想电流源的电路，回路电流方程的列写有两种方式：
①引入电流源电压 U，把电流源看作电压源列写方程，然后增补回路电流和电流源电流的关

系方程，从而消去中间变量 U。这种方法比较直观，但需增补方程，往往列写的方程数多。②使理想电流源支路仅属于一个回路，该回路电流等于已知的电流源电流 I_S。这种方法列写的方程数少。在一些有多个无伴电流源的问题中，以上两种方法往往并用。

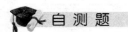 自测题

一、选择题

1. 题图 3-8 所示电路中，使基本回路即为网孔的树为（　　　）。

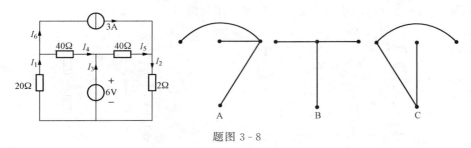

题图 3-8

2. 题图 3-9 所示电路中，对应回路 1 的正确的方程是（　　　）。

A. $I_{L1} = I_{S1}$

B. $(R_1 + R_2) I_{L1} - R_2 I_{L2} = U_S$

C. $(R_1 + R_2) I_{L1} - R_2 I_{L2} = -U_S$

D. $(R_1 + R_2) I_{L1} - R_2 I_{L2} - R_3 I_{L3} = U_S$

3. 题图 3-10 所示电路中，其网孔方程是：$\begin{cases} 300I_{m1} - 200I_{m2} = 3 \\ -100I_{m1} + 400I_{m2} = 0 \end{cases}$，则 CCVS 的控制系数 r 为（　　　）。

A. $100\ \Omega$　　　　B. $-100\ \Omega$　　　　C. $50\ \Omega$　　　　D. $-50\ \Omega$

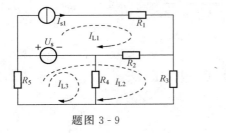　　　　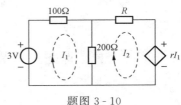

题图 3-9　　　　　　　　　　题图 3-10

二、填空题

1. 回路电流法是以_____为独立变量，实质上体现_____。

2. 回路电流方程中，自阻总是_____，互阻的正负由_____决定。

3. 题图 3-11 所示电路中，$I = $_____，$U = $_____。

4. 题图 3-12 所示电路中，$I_1 = $_____，$I_2 = $_____。

5. 题图 3-13 所示电路中，$U_S = $_____。

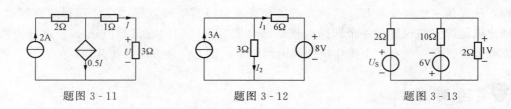

题图 3-11　　　　　　　　题图 3-12　　　　　　　　题图 3-13

三、计算题

1. 用网孔电流法求题图 3-14 所示电路中的 i 和 u。

2. 题图 3-15 所示电路中，已知 $u_{ab}=5V$，用回路电流法求 u_S。

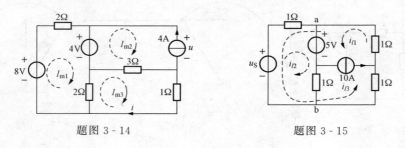

题图 3-14　　　　　　　　　　　　　　题图 3-15

3. 试用回路电流法求题图 3-16 所示电路中的 I 及 U。

4. 试列出题图 3-17 所示电路中的回路电流方程，并计算电压源的功率。

5. 用回路电流法求题图 3-18 所示电路中的电压 u。

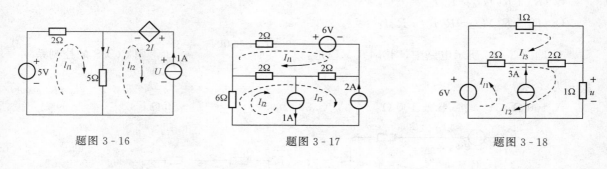

题图 3-16　　　　　　　　　　题图 3-17　　　　　　　　　题图 3-18

课题三　节点电压法

内容提要

　　一个 n 个节点的网络，选择一个节点作为参考节点，则其余的 $(n-1)$ 个节点，称为独立节点。独立节点与参考节点之间的电压，称为独立节点电压，简称节点电压。以 $(n-1)$ 个节点电压为变量，对每一个独立节点列出一个 KCL 方程，称为节点电压方程。因此，共有 $(n-1)$ 个独立的节点电压方程。联立求解，可得 $(n-1)$ 个节点电压，从而直接求出所有支路电压。再根据各支路的 VCR，可得所有支路电流，从而求解 $2b$ 个变量。这种分析计算方法称为节点电压法。由于 $(n-1)$ 个独立节点少于 b 个支路数，因此，应用节点电压法列写和求解的电路方程数少于支路电流法，从而简化计算。节点电压法适用于任意结构的网络。

对于具有 n 个节点的电路，节点电压方程的标准形式为

$$\begin{cases} G_{11}u_{n1}+G_{12}u_{n2}+\cdots+G_{1(n-1)}u_{n(n-1)}=i_{S11} \\ G_{21}u_{n1}+G_{22}u_{n2}+\cdots+G_{2(n-1)}u_{n(n-1)}=i_{S22} \\ \qquad\qquad\qquad\vdots \\ G_{(n-1)1}u_{n1}+G_{(n-1)2}u_{n2}+\cdots+G_{(n-1)(n-1)}u_{n(n-1)}=i_{S(n-1)(n-1)} \end{cases}$$

式中　G_{ii}（$i=1，2，\cdots，n-1$）为自电导，等于接在节点 i 上所有支路电导之和（包括电压源与电阻串联支路），自电导总为正；$G_{ij}=G_{ji}$（$i，j=1，2，\cdots，n-1，i\neq j$）为互电导，等于接在节点 i 与节点 j 之间的所有支路的电导之和，互电导总为负；i_{Sii}（$i=1，2，\cdots，n-1$）为流入节点 i 的所有电流源电流的代数和（包括由电压源与电阻串联支路等效的电流源电流）。

注意　当电路不含受控源时，节点电压方程的系数矩阵为对称矩阵。

节点电压法的一般步骤：

(1) 选定参考节点，标定其余 $n-1$ 个独立节点。

(2) 对 $n-1$ 个独立节点，以节点电压为未知量，列写其 KCL 方程。

(3) 求解上述方程，得到 $n-1$ 个节点电压。

(4) 求各支路电流（用节点电压表示）。

(5) 其他分析。

典型例题

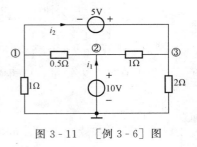

图 3 - 11　[例 3 - 6] 图

【**例 3 - 6**】　用节点电压法求图 3 - 11 所示电路中两个电压源的电流 i_1 及 i_2。

解　5V 电压源是无伴电压源，且参考节点不在此电压源两端，暂时将其看作电流为 i_2 的理想电流源，写在方程右边。

节点①　$\left(\dfrac{1}{1}+\dfrac{1}{0.5}\right)u_{n1}-\dfrac{1}{0.5}u_{n2}=-i_2$

节点②　$\qquad\qquad u_{n2}=10\text{V}$

节点③　$-\dfrac{1}{1}u_{n2}+\left(\dfrac{1}{1}+\dfrac{1}{2}\right)u_{n3}=i_2$

补充节点 1 和节点 3 之间的电压要服从 5V 电压源，即

$$u_{n3}-u_{n1}=5\text{V}$$

联立求解，得到

$$u_{n1}=5\text{V}，\ u_{n3}=10\text{V}，\ i_2=5\text{A}$$

再利用节点 2 的 KCL 关系求得

$$i_1 = \frac{u_{n2} - u_{n3}}{1} - \frac{u_{n1} - u_{n2}}{0.5} = \frac{10 - 10}{1} - \frac{5 - 10}{0.5} = 10A$$

【解题指导与点评】　　若电路中含有电压源和电阻的串联支路，可利用电源等效变换，将其变换为电流源和电导的并联支路来处理。若电路中含有一个无伴电压源支路，应选择与电压源一端连接的节点为参考节点，可使节点电压方程的列写过程简化。但是，当电路中有多个无伴电压源支路，且又不具有公共节点时，只能另行处理（增加电压源的电流变量建立节点方程，补充电压源电压与节点电压关系的方程）。

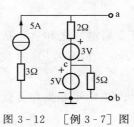

图 3-12　［例 3-7］图

【例 3-7】　　电路如图 3-12 所示，以 b 为参考点，用节点电压法求节点电压 u_a。

解　　该电路有 3 个节点，选择节点 b 为参考节点，则节点 c 的电压为 $u_c = 5V$。列出节点电压方程为

$$\begin{cases} \dfrac{1}{2}u_a - \dfrac{1}{2}u_c = 5 + \dfrac{3}{2} \\ u_c = 5 \end{cases}$$

解得

$$u_a = 18V$$

【解题指导与点评】　　遇到电流源与电阻的串联组合时，由于电流源的内阻为无穷大，所以该支路的电阻也为无穷大，其支路电导为零，相当于电阻开路。所以，与电流源串联的电阻不出现在节点电压方程的自导、互导中。

【例 3-8】　　列出图 3-13 所示含受控源电路的节点电压方程，并求 I_1。

解　　电路中含有受控电流源，可以暂时将其看作理想电流源，写在方程右边。

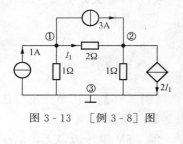

图 3-13　［例 3-8］图

$$\begin{cases} \left(\dfrac{1}{1} + \dfrac{1}{2}\right)u_{n1} - \dfrac{1}{2}u_{n2} = 1 - 3 \\ -\dfrac{1}{2}u_{n1} + \left(\dfrac{1}{1} + \dfrac{1}{2}\right)u_{n2} = 3 - 2I_1 \end{cases}$$

方程中有三个未知量，应再补充一个方程，将控制量 I_1 用节点电压表示，即

$$I_1 = \frac{u_{n1} - u_{n2}}{2}$$

以上三个方程联立求解，可得

$$u_{n1} = 0.5V, \quad u_{n2} = 5.5V, \quad I_1 = -2.5A$$

显然，在含有受控源的电路中，互电导不再相等，即 $G_{ij} \neq G_{ji}$。

【解题指导与点评】　　当电路中含有受控源时，先将受控源与独立源同样对待，仍可以用类似方法来建立节点电压方程，所不同的是：必须把受控源的控制量用节点电压来表示，因此，需要再补充方程，如果控制量就是某节点电压，则不必再补充方程。

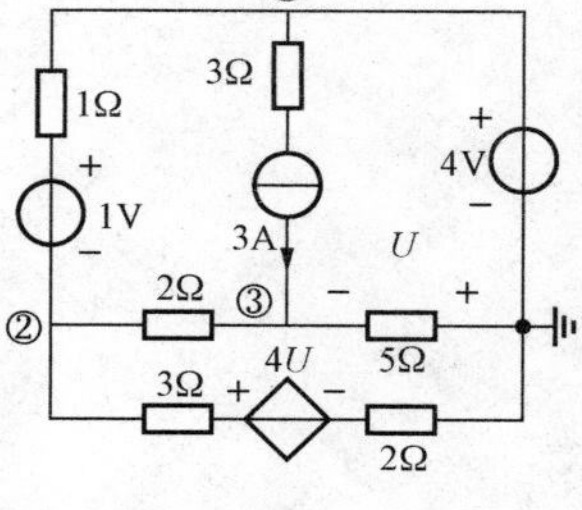

图 3-14　［例 3-9］图

【例 3-9】　　列写图 3-14 所示电路的节点电压方程。

解　节点编号及参考节点的选取如图 3-14 所示，节点电压方程为

$$\begin{cases} u_{n1} = 4\text{V} \\ -\dfrac{1}{1}u_{n1} + \left(\dfrac{1}{1} + \dfrac{1}{2} + \dfrac{1}{3+2}\right)u_{n2} - \dfrac{1}{2}u_{n3} = \dfrac{4U}{3+2} - \dfrac{1}{1} \\ -\dfrac{1}{2}u_{n2} + \left(\dfrac{1}{2} + \dfrac{1}{5}\right)u_{n3} = 3 \end{cases}$$

增补方程

$$U = -u_{n3}$$

【解题指导与点评】　在列写节点电压方程时需注意：①与电流源串联的电阻或其他元件不参与列方程；②支路中有多个电阻串联时，要先求出总电阻再列写方程。

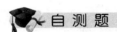 自 测 题

一、填空题

1. 节点电压法是以＿＿＿＿＿＿＿＿为独立变量，实质上是体现＿＿＿＿＿＿＿。

2. 在不含受控源的线性电路中，其节点电压方程的自电导总是＿＿＿＿＿，互电导总是＿＿＿＿＿。

二、选择题

1. 题图 3-19 所示电路中，节点①的节点方程为（　　　）。

A. $6U_{n1} - U_{n2} = 6$　　　B. $6U_{n1} = 6$　　　C. $5U_{n1} = 6$　　　D. $5U_{n1} - 2U_{n2} = 2$

2. 题图 3-20 所示电路中，节点①的自电导 G_{11} 等于（　　　）。

A. $G_1 + G_2 + G_3 + G_4 + G_5$　　　　　　B. $G_1 + G_2 + G_3 + G_4$

C. $G_3 + G_4 + \dfrac{G_1 G_2}{G_1 + G_2}$　　　　　　D. $G_3 + G_4 + G_5 + \dfrac{G_1 G_2}{G_1 + G_2}$

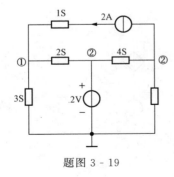

题图 3-19

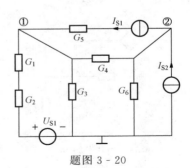

题图 3-20

三、计算题

1. 试用节点电压法求题图 3-21 所示电路中的电流 I_1 和 I_2。

2. 如题图 3-22 所示线性电阻电路，求：

(1) 节点电压 U_{n1}、U_{n2}。

(2) 电流 I。

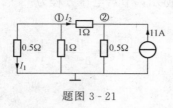

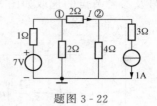

题图 3 - 21　　　　　　　　　　　题图 3 - 22

3. 试用节点电压法求题图 3 - 23 所示电路中的 I_1、U_2、U_3。

4. 试用节点电压法求题图 3 - 24 所示电路中的 I。

5. 题图 3 - 25 所示电路，试列出节点电压方程。

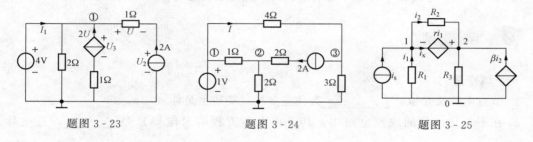

题图 3 - 23　　　　　　　题图 3 - 24　　　　　　　题图 3 - 25

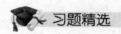 习题精选

1. 题图 3 - 26 所示电路，用网孔电流法求电压 u。（华中理工大学 2008 硕士研究生入学考试试题）

2. 直流电路如题图 3 - 27 所示，已知 $R_1 = 10\Omega$，$R_2 = 10\Omega$，$R_3 = 4\Omega$，$R_4 = 3\Omega$，$R_5 = 2\Omega$，$U_{S1} = 20V$，$U_{S2} = 4V$，$I_S = 1A$，电流控制电压源 $U_{CS} = 4I$，求各独立电源发出的功率。（天津大学 2006 年研究生入学考试试题）

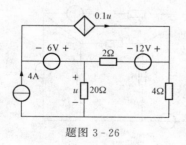

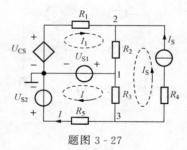

题图 3 - 26　　　　　　　　　　　题图 3 - 27

3. 题图 3 - 28 所示电路中，试用节点法求受控源发出的功率。（中国矿业大学 2011 年研究生入学考试试题）

4. 题图 3 - 29 所示直流电路，已知 $R_1 = R_2 = R_3 = 2\Omega$，$R_4 = 1\Omega$，$U_{S1} = 10V$，$U_{S2} = 20V$，压控电流源 $I_{CS} = 2.5U_x$。求各独立电源发出的功率。（天津大学 2003 年研究生入学考试试题）

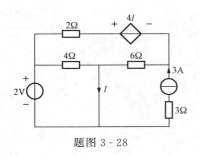
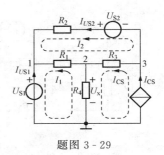

题图 3 - 28　　　　　　　　题图 3 - 29

5. 题图 3 - 30 所示电路中，已知 $U_{S1}=1V$，$U_{S2}=2V$，$U_{S3}=4V$，$I_S=3A$，$R_1=1\Omega$，$R_2=0.2\Omega$，$R_3=0.25\Omega$，$R_4=2\Omega$。用节点电压法求电压 U。（华南理工大学 2009 年研究生入学考试试题）

6. 用节点电压法求解题图 3 - 31 电路后，确定各元件功率并检验功率是否平衡。（华南理工大学 2004 年研究生入学考试试题）

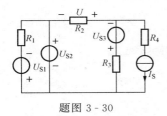
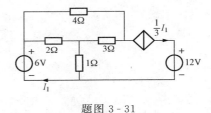

题图 3 - 30　　　　　　　　题图 3 - 31

7. 电路如题图 3 - 32 所示，按图中所标节点编号，列写节点电压方程。（西安交通大学 1998 年研究生入学考试试题）

8. 试求题图 3 - 33 所示电路中的电压 U。（华南理工大学 2007 年研究生入学考试试题）

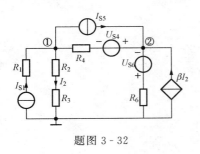
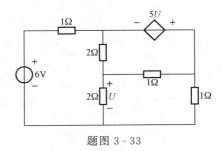

题图 3 - 32　　　　　　　　题图 3 - 33

9. 求题图 3 - 34 所示电路中 2A 电流源提供的功率。（河北工业大学 2011 年研究生入学考试试题）

10. 求题图 3 - 35 所示电路中受控源提供的电功率。（河北工业大学 2010 年研究生入学考试试题）

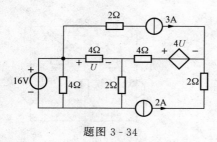

题图 3 - 34

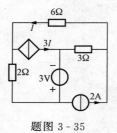

题图 3 - 35

第四章　电　路　定　理

重点：叠加定理、戴维南定理和诺顿定理、最大功率传输定理的应用。

难点：叠加定理的适用范围；戴维南等效电路的求解；最大功率的匹配条件和功率计算；特勒根定理和互易定理的应用。

要求：了解齐性定理和对偶原理，熟练掌握叠加定理、戴维南定理和诺顿定理、最大功率传输定理的应用。

课题一　叠　加　定　理

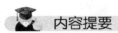 内容提要

① **线性电路的齐次性**

若将线性电路中的所有激励同时乘以常数 k，则该电路中任意支路的电流或电压响应也将乘以常数 k。

② **叠加定理**

表述形式 1：线性电路在多组激励共同作用时，任意支路的电流或电压响应等于每组激励单独作用时，在该支路中产生的各电流分量或电压分量的代数和。

表述形式 2：任意支路的电压或电流都等于各独立电源共同作用时的线性组合。

③ **使用叠加定理时的注意事项**

（1）叠加定理适用于线性电路，不适用于非线性电路。

（2）在叠加的各分电路中，不作用的电压源置零，即电压源处用短路代替；不作用的电流源置零，即电流源处用开路代替。其他元件（包括受控源）的参数及连接方式都不能改变。

（3）叠加定理不适用于功率的计算，因为功率是电压、电流的二次函数，与激励不成线性关系。

（4）根据各分电路中电压和电流参考方向的具体情况，取代数和时注意各分量前的"＋""－"号。

典型例题

【例 4-1】　如图 4-1（a）所示电路，应用叠加定理求电压 u。

解　（1）独立电流源单独作用时，如图 4-1（b），根据分流公式求解得到

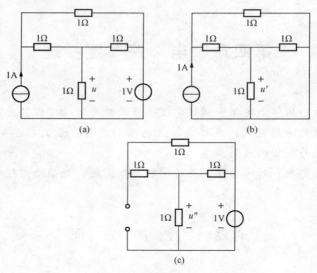

图 4 - 1   ［例 4 - 1］图

$$u' = \frac{1}{1+1} \times \frac{1}{1+\left(1+\frac{1 \times 1}{1+1}\right)} \times 1 = \frac{1}{5} \text{V}$$

（2）独立电压源单独作用时，如图 4 - 1（c），根据分压公式求解得到

$$u'' = \frac{1}{\frac{(1+1) \times 1}{(1+1)+1} + 1} \times 1 = \frac{3}{5} \text{V}$$

（3）两个独立源共同作用时，根据叠加定理得

$$u = u' + u'' = \frac{1}{5} + \frac{3}{5} = \frac{4}{5} \text{V}$$

【解题指导与点评】   本题应用叠加定理，画出单一独立源作用时的分电路图，分别求解待求量的分量。但要注意，不作用的独立源作置零处理，理想电压源置零看作短路，理想电流源置零看作开路。

【例 4 - 2】   求图 4 - 2（a）所示电路中的电流 I 和电压 U。

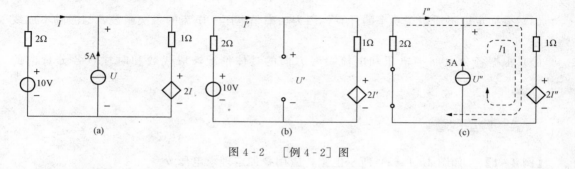

图 4 - 2   ［例 4 - 2］图

解   10V 电压源单独作用，5A 电流源用开路代替，如图 4 - 2（b）所示。

$$(2+1)\ I'=10-2I'$$

解得

$$I'=2A$$

则

$$U'=-2I'+10=-2\times2+10=6V$$

5A 电流源单独作用，10V 电压源用短路代替，如图 4-2（c）所示，应用回路电流法得

$$\begin{cases} I_1=5A \\ (2+1)I''+1\times I_1=-2I'' \end{cases}$$

解得

$$I''=-1A$$
$$U''=-2I''=2V$$

根据叠加定理，电流 I 和电压 U 分别为

$$I=I'+I''=2-1=1A$$
$$U=U'+U''=6+2=8V$$

【解题指导与点评】　本题应用叠加定理求解，应注意的是电路中含有受控源，电路中的受控源不能单独作用，而且在各独立源单独作用时，其控制量应保留在原位置，且其控制量应随分电路图中分量的改变而改变。

【例 4-3】　如图 4-3 所示电路中，N 是无源线性网络。当 $U_S=40V$，$I_S=0A$ 时 $U_{ab}=-20V$；当 $U_S=20V$，$I_S=2A$ 时 $U_{ab}=0V$。求当 $U_S=-60V$，$I_S=12A$ 时电压 $U_{ab}=?$

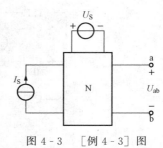

图 4-3　［例 4-3］图

解　应用叠加定理。电压 U_{ab} 由电压源 U_S 和电流源 I_S 共同作用产生，可表示为

$$U_{ab}=K_1U_S+K_2I_S$$

根据已知条件有

$$\begin{cases} -20=K_1\times40+K_2\times0 \\ 0=K_1\times20+K_2\times2 \end{cases}$$

解得

$$\begin{cases} K_1=-\dfrac{1}{2} \\ K_2=5 \end{cases}$$

所以，当 $U_S=-60V$，$I_S=12A$ 时

$$U_{ab}=-\frac{1}{2}\times(-60)+5\times12=90V$$

【解题指导与点评】　本题的求解过程应用了叠加定理的表述形式 2：任意支路的电压或电流都等于各独立电源共同作用时的线性组合。所以先根据已知条件求出系数，再根据系数和作用的独立源得出响应。

自测题

1. 应用叠加定理求题图 4-1 所示电路中电流源两端的电压 u。
2. 应用叠加定理求题图 4-2 所示电路中的 I_x。

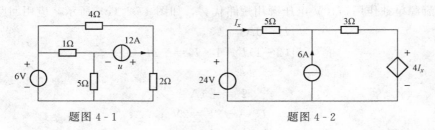

题图 4-1　　　　　　　　　　题图 4-2

3. 应用叠加定理求题图 4-3 所示电路中电流 i 及 1Ω 电阻消耗的功率。
4. 题图 4-4 所示电路中，N_R 为电阻网络，由两个电流源供电。当断开 3A 电流源时，2A 电流源输出的功率为 28W，端电压 u_3 为 8V；当断开 2A 电流源时，3A 电流源输出的功率为 54W，端电压 u_2 为 12V。试求两电流源同时作用时的端电压 u_2 和 u_3，并计算此时两电流源输出的功率 P_{2A} 和 P_{3A}。

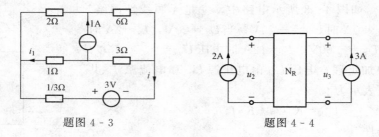

题图 4-3　　　　　　　　　　题图 4-4

5. 题图 4-5 所示电路中，网络 N 中没有独立电源。当 $u_S=8V$，$i_S=12A$ 时，测得 $i=8A$；当 $u_S=-8V$，$i_S=4A$ 时，测得 $i=0$。问当 $u_S=9V$，$i_S=10A$ 时，电流 i 的值是多少？
6. 题图 4-6 中，N 是一线性电阻电路，已知：①当 $U_{S1}=0V$，$U_{S2}=0V$ 时，$U=1V$；②当 $U_{S1}=1V$，$U_{S2}=0V$ 时，$U=2V$；③当 $U_{S1}=0V$，$U_{S2}=1V$ 时，$U=-1V$。试给出 U_{S1} 和 U_{S2} 为任意值时电压 U 的表达式。

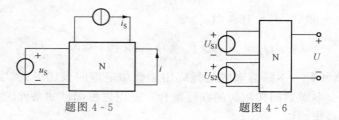

题图 4-5　　　　　　　　　　题图 4-6

课题二　戴维南定理和诺顿定理

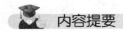 内容提要

1　戴维南定理

任何含有独立源、线性电阻和受控源的线性一端口 N_S，如图 4-4 所示，对外电路来说，可等效为一个电压源和一个线性电阻元件（等效电阻）的串联组合，如图 4-5 所示。其中，电压源电压 u_{OC} 等于一端口电路 N 的开路电压，电阻 R_{eq} 等于一端口 N_S 内全部独立源置零后所得电路的入端等效电阻。

图 4-4　线性一端口　　　图 4-5　戴维南等效电路

求戴维南等效电路的步骤如下：

（1）求解开路电压 u_{OC}。即将外电路断开后，求开路位置的电压。具体求解方法可用电阻电路分析方法，如节点电压法、回路电流法等。

（2）求解等效电阻 R_{eq}。

对于含源的一端口电路，求解 R_{eq} 时，分两种情况：

1）不含受控源的一端口电路。先将端口内部独立源全部置零后（电压源用短路代替，电流源用开路代替），得到无源一端口电路，应用电阻的串、并联或 Y—△等效变换等方法直接化简得到等效电阻。

2）包含受控源的一端口电路。可应用外加电源法和开路电压、短路电流法两种方法求解。

方法 a：外加电源法（内部独立源置零）$\begin{cases} 外加电压源 u_S，求电流 i \\ 外加电流源 i_S，求电压 u \end{cases}$，则 $R_{eq} = \dfrac{u_S}{i}$ 或 $R_{eq} = \dfrac{u}{i_S}$，具体电压、电流方向如图 4-6（a）、（b）所示。

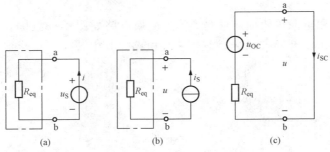

(a)　　　　　　　(b)　　　　　　　(c)

图 4-6　求解等效电阻的方法

方法 b：已知开路电压，将开路的两个端子直接连短路线，求其电流，即短路电流 i_{SC}，则 $R_{eq}=\dfrac{u_{OC}}{i_{SC}}$，电压、电流方向如图 4 - 6（c）所示。

（3）画出戴维南等效电路。

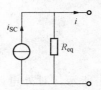

图 4 - 7　诺顿等效电路

2　诺顿定理

任何含有独立源、线性电阻和受控源的线性一端口电阻电路 N（见图 4 - 4），对外电路来说，可等效为一个电流源和一个线性电阻元件的并联组合，如图 4 - 7 所示。其中，电流源的电流等于一端口电路 N 的端口短路电流 i_{SC}，并联电阻 R_{eq} 等于一端口电路 N 内全部独立源置零后所得电路的入端等效电阻。

典型例题

【例 4 - 4】　求图 4 - 8（a）所示电路中 a、b 两点间的戴维南等效电路和诺顿等效电路。

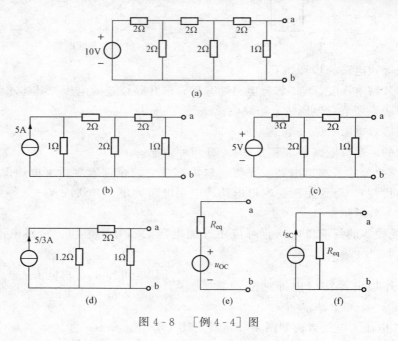

图 4 - 8　[例 4 - 4] 图

解　图 4 - 8 利用电源等效变换求解。等效变换电路如图 4 - 8（b）～（d）所示。继续等效变换，得到如图 4 - 8（e）所示戴维南等效电路，其中

$$u_{OC}=\frac{10}{21}\text{V},\ R_{eq}=\frac{16}{21}\Omega$$

图 4 - 8（f）所示为诺顿等效电路，其中

$$i_{SC}=\frac{5}{8}\text{A},\ R_{eq}=\frac{16}{21}\Omega$$

【解题指导与点评】　对于不含受控源的纯电阻电路，既可以利用电源的等效变换求解，

也可以通过求解端口的开路电压 u_{OC}、等效电阻 R_{eq} 的方法求出戴维南等效电路。在此多次应用了电源等效变换的方法。而戴维南等效电路是实际电压源模型电路，诺顿等效电路则是实际电流源模型电路。

【**例 4-5**】　求图 4-9（a）所示电路的戴维南等效电路和诺顿等效电路。

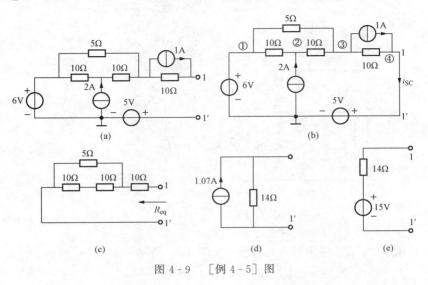

图 4-9　［例 4-5］图

解　（1）求短路电流 i_{SC}。将图 4-9（a）中的电路端口 $1-1'$ 短路并标上参考节点，如图 4-9（b）所示。节点电压方程如下：

$$\begin{cases} u_{n1}=6 \\ -\dfrac{1}{10}u_{n1}+\left(\dfrac{1}{10}+\dfrac{1}{10}\right)u_{n2}-\dfrac{1}{10}u_{n3}=2 \\ -\dfrac{1}{5}u_{n1}-\dfrac{1}{10}u_{n2}+\left(\dfrac{1}{5}+\dfrac{1}{10}+\dfrac{1}{10}\right)u_{n3}-\dfrac{1}{10}u_{n4}=-1 \\ u_{n4}=5 \end{cases}$$

解得

$$u_{n2}=\frac{111}{7}\text{V}, \quad u_{n3}=\frac{40}{7}\text{V}$$

则

$$i_{SC}=1+\frac{u_{n3}-u_{n4}}{10}=1.07\text{A}$$

（2）求 R_{eq}。该端口内所有独立源置零，如图 4-9（c）所示，利用电阻的等效变换，可求得

$$R_{eq}=14\,\Omega$$

（3）诺顿等效电路和戴维南等效电路分别如图 4-9（d）、图 4-9（e）所示。其中 $U_{OC}=R_{eq}i_{SC}=14\times1.07=14.98\text{V}\approx15\text{V}$。

【**解题指导与点评**】　不含受控源的含源纯电阻网络，求解戴维南或诺顿等效电路时，既可以利用电源的等效变换求解，也可以通过求解端口的开路电压 u_{OC}、等效电阻 R_{eq} 的方

法求出戴维南等效电路；或者通过求解短路电流 i_{SC}、等效电阻 R_{eq} 的方法求出诺顿等效电路。此题先求出诺顿等效电路后，再应用电源模型等效变换得到戴维南等效电路。

【例 4 - 6】　求图 4 - 10（a）所示电路的戴维南等效电路。

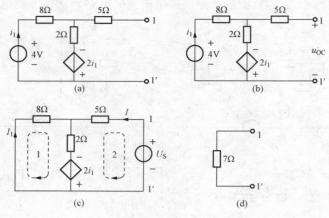

图 4 - 10　［例 4 - 6］图

解　（1）求 u_{OC}。u_{OC} 的参考方向如图 4 - 10（b）所示，则有

$$u_{OC}=2i_1-2i_1=0\mathrm{V}$$

（2）求 R_{eq}。将独立电压源置零后，在端口 1-1′外加电压 U_S，端口电流 I 如图 4 - 10（c）所示，列写回路 1、2 的 KVL 方程，即

$$\begin{cases}8I_1+2(I+I_1)-2I_1=0\\U_S+2I_1-2(I+I_1)-5I=0\end{cases}$$

联立求解可得

$$R_{eq}=\frac{U_S}{I}=7\Omega$$

（3）戴维南等效电路如图 4 - 10（d）所示。

【解题指导与点评】　求解戴维南等效电路时，首先利用基尔霍夫电压定律求开路电压 u_{OC}；其次求解等效电阻 R_{eq}，由于端口含有受控源，采用了外加电源法中的加压求流法，注意此时二端电路的内部独立源要做置零处理。最后，画出戴维南等效电路。

【例 4 - 7】　图 4 - 11（a）所示电路中，已知 $I_S=5\mathrm{A}$，用戴维南定理求电流 I。

解　将图 4 - 11（a）所示电路在 a、b，m、n 处断开，如图 4 - 11（b）、图 4 - 11（c）所示。

（1）对图 4 - 11（b）所示电路先求端口 m、n 处的开路电压，则有

$$I_1=\frac{1}{1+1}I_S=\frac{1}{2}\times5=2.5\mathrm{A}$$

$$U_{OC}=2I_S+4I_1=2\times5+4\times2.5=20\mathrm{V}$$

再求端口 m、n 处的短路电流，此时

$$I_1=\frac{1}{1+1}\times I_S=2.5\mathrm{A}$$

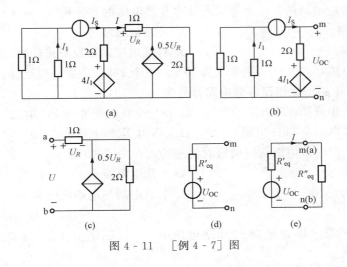

图 4 - 11 ［例 4 - 7］图

$$I_{SC} = I_S + \frac{4I_1}{2} = 5 + \frac{4 \times 2.5}{2} = 10A$$

则可得图 4 - 11（b）所示电路的戴维南等效电路，如图 4 - 11（d）所示。

$$U_{OC} = 20V$$

$$R'_{eq} = \frac{U_{OC}}{I_{SC}} = \frac{20}{10} = 2\Omega$$

（2）图 4 - 11（c）所示电路是不含独立源的线性电路，其端口 a、b 可等效为一个电阻 R''_{eq}，可用加压求流法求得

$$R''_{eq} = 4\Omega$$

（3）将两个等效电路端口 a、b 与 m、n 连接起来，如图 4 - 11（e）所示。则有

$$I = \frac{U_{OC}}{R'_{eq} + R''_{eq}} = \frac{20}{2 + 4} = \frac{10}{3}A$$

【解题指导与点评】　本题在应用戴维南定理时，不能将待求量所在的 1Ω 电阻拿开，这是因为电路中有两个受控源，且电阻的电压 U_R 是受控电流源的控制量。因此只能从电路中间断开，将电路分成两部分，并使得每部分电路中包含受控源及其控制量。之后，分别求这两部分电路的戴维南等效电路，再将这两部分的等效电路连接，即可求得待求量。

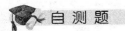 自 测 题

一、选择题

1. 在一个双电源电路中，一个电源为一条支路单独提供 10mA 电流，另一个电源为同一条支路提供 8mA 的反向电流。支路中的实际电流为（　　）。

　A. 10mA　　　　　　B. 18mA　　　　　　C. 8mA　　　　　　　D. 2mA

2. 戴维南定理将电路变换成的等效电路包括（　　）。

　A. 一个电流源和一个串联电阻　　　　　B. 一个电压源和一个并联电阻

　C. 一个电压源和一个串联电阻　　　　　D. 一个电流源和一个并联电阻

3. 求出一个给定电路的戴维南等效电路中开路电压的方法是（　　　）。

A. 短路输出端　　　　　　　　　　B. 开路输出端

C. 短路电压源　　　　　　　　　　D. 移除电压源并以短路代替

4. 一个给定电路，其开路两端电压为 15V。一个 10kΩ 负载电阻连接在其输出端时，提供的电压为 12V。电路的戴维南等效电路参数为（　　　）。

A. 15V 电压源串联 10kΩ 电阻　　　　B. 12V 电压源串联 10kΩ 电阻

C. 12V 电压源串联 2.5kΩ 电阻　　　　D. 15V 电压源串联 2.5kΩ 电阻

5. 电源内阻一定时，电源何时向负载传递最大功率（　　　）。

A. 负载电阻很大　　　　　　　　　B. 负载电阻很小

C. 负载电阻为电源内阻的 2 倍　　　D. 负载电阻与电源内阻相等

二、填空题

1. 已知线性含源一端口电路的开路电压 u_{OC}，短路电流 i_{SC}，则该端口的等效电阻为_____。

2. 含源一端口电路的开路电压为 10V，短路电流为 2A，若外接 5Ω 的电阻，则该电阻上的电压为_____。

3. 线性含源一端口电路的开路电压 u_{OC}，接上负载 R_L 后，其端口电压为 u_1，则该端口诺顿等效电路的电流源与内阻分别为_____、_____。

4. 线性含源一端口电路的短路电流 i_{SC}，接上负载 R_L 后，其电流为 i_1，则该端口的戴维南等效电路的电压源与内阻分别为_____、_____。

三、计算题

1. 求题图 4-7（a）～（d）所示电路的戴维南和诺顿等效电路。

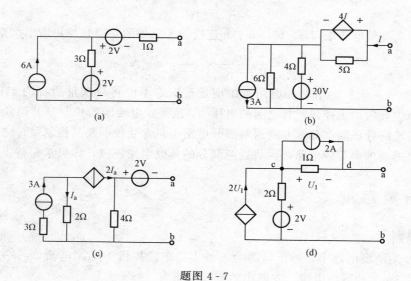

题图 4-7

2. 题图 4-8 所示电路工作在直流稳态状态下，求 a、b 端的戴维南等效电路。

3. 应用戴维南定理求题图 4-9 所示电路中 2A 电流源上的电压 U。

4. 题图 4-10 所示电路中，若流过电阻 R_x 的电流 I 为 -1.5A，试用戴维南定理确定电

阻 R_x 的数值。

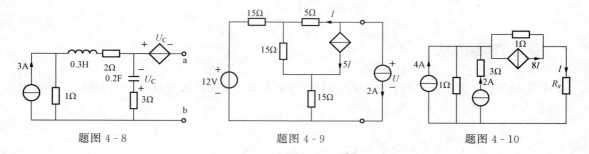

<table>
<tr><td>题图 4 - 8</td><td>题图 4 - 9</td><td>题图 4 - 10</td></tr>
</table>

5. 题图 4 - 11 中（a）所示电路中，外接电阻可调，由此测得端口电压 u 和电流 i 的关系曲线如题图 4 - 11（b）所示，求网络 N 的戴维南和诺顿等效电路。

6. 题图 4 - 12 所示电路中。当开关 S 打开时，开关两端的电压 u 为 8V；当开关 S 闭合时，流过开关的电流 i 为 6A，求网络 N 的戴维南等效电路。

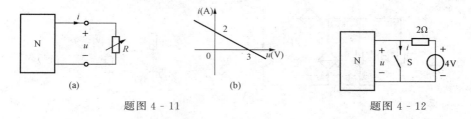

<table>
<tr><td>(a)</td><td>(b)</td><td></td></tr>
<tr><td colspan="2">题图 4 - 11</td><td>题图 4 - 12</td></tr>
</table>

课题三　最大功率传输定理

🎓 内容提要

　　一个线性含源一端口可以用一个戴维南等效电路对外部等效。若这个含源线性二端网络外接一个负载电阻 R_L 时，如图 4 - 12（a）所示。

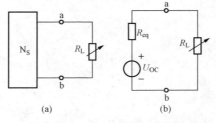

图 4 - 12　最大功率传输

　　当负载电阻 R_L 与戴维南等效电阻 R_{eq} 相等，如图 4 - 12（b）所示，即

$$R_L = R_{eq}$$

时，负载电阻可从线性含源二端网络获得最大功率。此时最大功率为

$$P_{\max}=\frac{U_{OC}^2}{4R_{eq}}$$

典型例题

【例 4 - 8】 图 4 - 13（a）所示电路中负载电阻 R_L 可变，试问 R_L 等于何值时可吸收最大功率？并求此功率是多少？

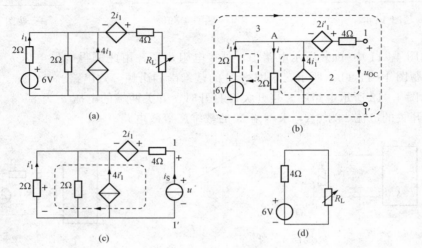

图 4 - 13 ［例 4 - 8］图

解 （1）求除 R_L 之外其他电路部分的开路电压 u_{OC}，电路如图 4 - 13（b）所示。

解法一：列写回路 1 的 KVL 方程及节点 A 的 KCL 方程

$$\begin{cases} 2i_1'+2i=6 \\ i=i_1'+4i_1'=5i_1' \end{cases}$$

得

$$i_1'=0.5A, \quad i=2.5A$$

列写回路 2 的 KVL 方程

$$-2i-2i_1'+u_{OC}=0$$

解得

$$u_{OC}=6V$$

解法二：列写回路 3 的 KVL 方程

$$-6+2i'-2i_1'+u_{OC}=0$$

解得

$$u_{OC}=6V$$

（2）求除 R_L 之外其他电路部分的等效电阻 R_{eq}。

将 6V 独立电压源置零，用外加电源法（加流求压法），即在端口 1、$1'$ 处加一个电流为 i_S 的电流源，求电流源两端的电压 u，电路如图 4 - 13（c）所示。列写最大回路的 KVL 方程

$$2i_1'-2i_1'-4i_S+u=0$$

可得

$$u = 4i_S$$

等效电阻为

$$R_{eq} = \frac{u}{i_S} = 4\Omega$$

（3）应用最大功率传输定理求解。

画出原电路的戴维南等效电路如图 4-13（d）所示。当 $R_L = R_{eq} = 4\Omega$ 时，R_L 可获得最大功率，最大功率为

$$P_{max} = \frac{u_{OC}^2}{4R_{eq}} = 2.25W$$

【解题指导与点评】　本题是最大功率传输问题。在这类题目中，通常只有 R_L 变化，电路的其他部分不变，所以首先应用戴维南定理，求出去除 R_L 后的开路电压 u_{OC} 以及等效电阻 R_{eq}，画出包含外接负载 R_L 的戴维南等效电路。之后应用最大功率传输定理，即当 $R_L = R_{eq}$ 时，$P_{max} = \frac{u_{OC}^2}{4R_{eq}}$。

【例 4-9】　图 4-14（a）所示电路中，N_S 为含独立电源的电阻网络，当 $R_1 = 7\Omega$ 时，$I_1 = 20A$，$I_2 = 10A$；当 $R_1 = 2.5\Omega$ 时，$I_1 = 40A$，$I_2 = 6A$。求电阻 R_1 为何值时可获得最大功率，并求此最大功率。

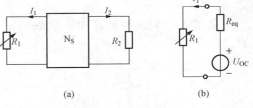

图 4-14　[例 4-9 图]

解　用戴维南等效电路表示 R_1 右侧的电路，如图 4-14（b）所示，则有

$$I_1 = \frac{U_{OC}}{R_1 + R_{eq}}$$

代入已知数据，有

$$\begin{cases} 20 = \dfrac{U_{OC}}{7 + R_{eq}} \\[2mm] 40 = \dfrac{U_{OC}}{2.5 + R_{eq}} \end{cases}$$

解得

$$R_{eq} = 2\Omega, \quad U_{OC} = 180V$$

所以，当

$$R_1 = R_{eq} = 2\Omega$$

时，R_1 可获得最大功率，最大功率为

$$P_{max} = \frac{U_{OC}^2}{4R_{eq}} = 4050W$$

【解题指导与点评】　本题求解的是最大功率问题。在戴维南等效电路中，可依据匹配条件和最大功率的公式求解。但是在本题中，不是先求解开路电压 U_{OC} 和等效电阻 R_{eq}，而是根据戴维南等效电路和题目给出的两组已知数据，先列出等效电路的电压、电流方程组，通过方程组的求解得到开路电压 U_{OC} 和等效电阻 R_{eq}。本题提问方法较新颖，但实质是一

样的。

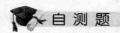
自 测 题

1. 题图 4 - 13 所示电路中，负载 R 的阻值可调，当 R 取何值时可获得最大功率，并求此最大功率 $P_{\max}$。

2. 题图 4 - 14 所示电路中，负载电阻 R_L 取何值时可获得最大功率，并求此最大功率 $P_{\max}$。

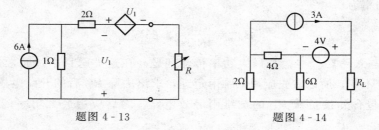

　　　　题图 4 - 13　　　　　　　　　　题图 4 - 14

3. 题图 4 - 15 所示电路中，负载电阻 R_L 取何值时可获得最大功率，并求此最大功率 $P_{\max}$。

4. 题图 4 - 16 所示电路中，负载电阻 R_L 取何值时可获得最大功率，并求此最大功率 $P_{\max}$。

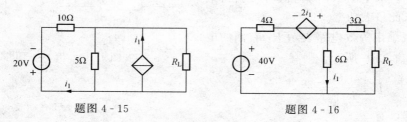

　　　　题图 4 - 15　　　　　　　　　　题图 4 - 16

课题四　特勒根定理和互易定理

内容提要

1　特勒根定理

特勒根定理包括特勒根定理 1 和特勒根定理 2。

特勒根定理 1：任意一个具有 n 个节点和 b 条支路的集总参数电路，令各支路电流和电压分别为 i_1，i_2，$\cdots$，i_b 及 u_1，u_2，$\cdots$，u_b，且各支路电流和电压都取关联参考方向，则有

$$\sum_{k=1}^{b} u_k i_k = 0$$

特勒根定理 2：任意两个具有 n 个节点、b 条支路且有向图相同的集总参数电路，令其中一个电路的支路电流和电压分别为 i_1、i_2、$\cdots$、i_b 及 u_1、u_2、$\cdots$、u_b；另一个电路的支

路电流和电压分别为 $\hat{i}_1$、$\hat{i}_2$、$\cdots$、$\hat{i}_b$ 及 $\hat{u}_1$、$\hat{u}_2$、$\cdots$、$\hat{u}_b$，且各支路电流和电压均取关联参考方向，则有

$$\sum_{k=1}^{b} u_k \hat{i}_k = 0$$

$$\sum_{k=1}^{b} \hat{u}_k i_k = 0$$

2 互易定理

互易定理有三种形式。

互易定理形式 1：将电压源激励和电流响应互换位置，若电压源激励值不变，则电流响应值不变，如图 4 - 15 （a）、（b）所示，即

$$\frac{i_2}{u_S} = \frac{\hat{i}_1}{\hat{u}_S}$$

当 $\hat{u}_S = u_S$ 时，则有 $\hat{i}_1 = i_2$。

互易定理形式 2：将电流源激励和电压响应互换位置，若电流激励值不变，则电压响应值不变，如图 4 - 16 （a）、（b）所示，即

$$\frac{u_2}{i_S} = \frac{\hat{u}_1}{\hat{i}_S}$$

当 $\hat{i}_S = i_S$ 时，则有 $u_2 = \hat{u}_1$。

互易定理形式 3：将电流源激励、电流响应换成电压源激励、电压响应，并将响应和激励的位置互换。若互换前后激励的数值相等，则互换前后响应的数值相等，如图 4 - 17 （a）、（b）所示。即

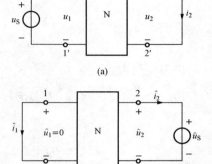

图 4 - 15 互易定理形式 1

$$\frac{i_2}{i_S} = \frac{\hat{u}_1}{\hat{u}_S}$$

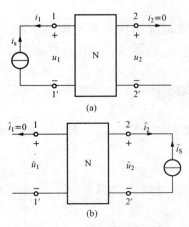

图 4 - 16 互易定理形式 2

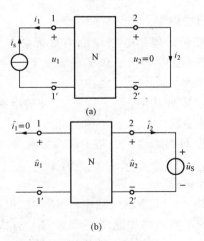

图 4 - 17 互易定理形式 3

当 $\hat{u}_S = i_S$ 时，就有 $\hat{u}_1 = i_2$。

典型例题

【例 4-10】　如图 4-18 所示电路中，N 仅由线性电阻组成。对不同的输入直流电压 U_s 及不同的电阻 R_1、R_2 值进行了两次测量，得到下列数据：$R_1=R_2=2\Omega$ 时，$U_s=8V$，

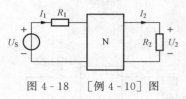

图 4-18　　[例 4-10] 图

$I_1=2A$，$U_2=2V$；当 $R_1=1.4\Omega$，$R_2=0.8\Omega$ 时，$\hat{U}_s=9V$，$\hat{I}_1=3A$，求 $\hat{U}_2$ 的值。

解　由题目给定的已知量，可求得

$$U_1=R_1I_1=4V, \quad I_2=\frac{U_2}{R_2}=1A$$

$$\hat{U}_1=R_1\hat{I}_1=4.2V, \quad \hat{I}_2=\frac{\hat{U}_2}{R_2}=\frac{\hat{U}_2}{0.8}$$

应用特勒根定理，有

$$I_1(-\hat{U}_s)+I_1\hat{U}_1+I_2\hat{U}_2=\hat{I}_1(-U_s)+\hat{I}_1U_1+\hat{I}_2U_2$$

得到

$$2\times(-9)+2\times4.2+1\times\hat{U}_2=3\times(-8)+3\times4+\frac{\hat{U}_2}{0.8}\times2$$

解得

$$\hat{U}_2=1.6V$$

【解题指导与点评】　首先由题目给定的已知量可求得相应支路的电压电流，再应用特勒根定理 2，对应支路的电压与电流相乘，同时需要注意电压与电流的参考方向设为关联。

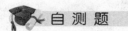**自测题**

一、填空题

1. 特勒根定理是电路理论中对集总参数电路普遍使用的基本定理，从这个意义上说，它与基尔霍夫定律等价。该定理实质上是_____的数学表达式，它表明任何一个电路的全部支路_____之和等于零。

2. 互易定理适用于_____的电路，且电路中只有一个激励源。该定理的证明可用_____定理。

3. 根据对偶原理，电路中许多参数是对偶元素，如 R、L、i、KCL、网孔电流等对偶于_____、_____、_____、_____、_____。

二、计算题

1. 题图 4-17 所示电路中，N_R 为纯电阻网络，电路如题图 4-17（a）连接时，支路电流如图所示，当电路如题图 4-17（b）方式连接时，求电流 I。

2. 题图 4-18 所示电路中，N_R 仅由电阻元件构成，外接电阻 R_2、R_3 可调，当 $R_2=10\Omega$，$R_3=5\Omega$，$I_{S1}=0.5A$ 时，$U_1=2V$，$U_2=1V$，$I_3=0.5A$；当 $R_2=5\Omega$，$R_3=10\Omega$，$I_{S1}=1A$ 时，$U_1=3V$，$U_3=1V$，应用特勒根定理求此时 I_2 的数值。

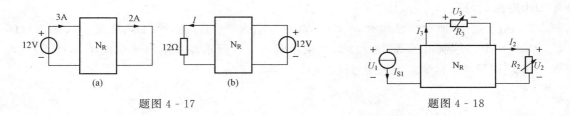

题图 4 - 17 　　　　　　　　　　　　　　题图 4 - 18

3. 题图 4 - 19 所示电路中，N_R 为线性无源电阻网络。两次接线分别如题图 4 - 19（a）、（b）所示，求题图 4 - 19（b）电路中的电压 U。

4. 题图 4 - 20 所示电路中，N_R 仅由电阻元件构成，题图 4 - 20（a）电路中 $I_1 = 2A$，求题图 4 - 20（b）电路中的电流 I_2。

5. 试确定题图 4 - 21 所示电路中电压表的读数。

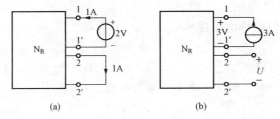

题图 4 - 19

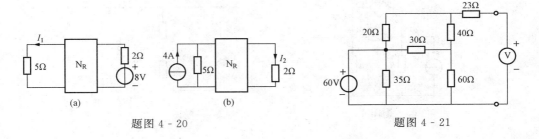

题图 4 - 20 　　　　　　　　　　　　题图 4 - 21

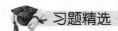 习题精选

一、填空题

1. 叠加定理适用于_____电路，它表明电路中的响应（指电压或电流）与激励（指独立源）成_____关系。（河北工业大学 2010 年攻读硕士学位研究生入学考试试题）

2. 题图 4 - 22 所示电路虚线框的端口电压、电流关系式为 $U = 10 - 2I$，现外接负载电阻 $R = 3\Omega$，此时电阻电流 I 为_____。（河北工业大学 2010 年攻读硕士学位研究生入学考试试题）

题图 4 - 22

二、计算题

1. 应用叠加定理求题图 4 - 23 所示电路中的电流 i。（2008 年西安交通大学电气学院工

学硕士电路试题）

2. 题图 4-24 所示，已知 $R_1=4\Omega$，$R_2=6\Omega$，$R_3=4\Omega$，$R_4=1\Omega$，$R_5=2\Omega$，$R_6=4\Omega$，$U_S=30V$，电压控制电流源 $I_{CS}=2U_1$。试用戴维南定理求图示电路中电流 I。（天津大学 2006 年攻读硕士学位研究生入学考试试题）

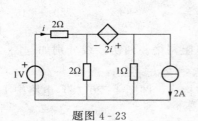 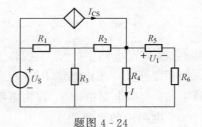

　　　　题图 4-23　　　　　　　　　　　　　　题图 4-24

3. 题图 4-25 所示电路中，已知 $R_1=4\Omega$，$R_2=2\Omega$，$R_3=10\Omega$，$R_4=5\Omega$，$I_S=1A$，$U_S=2V$，$I_{CS}=2I_1$。试用戴维南定理求电流 $I=$？（天津大学 2005 年攻读硕士学位研究生入学考试试题）

4. 题图 4-26 所示电路中，已知 $R_1=5\Omega$，$R_2=2\Omega$，$R_3=3\Omega$，$U_S=25V$，$I_S=1A$，压控电压源 $U_{CS}=4U_1$。试求 a、b 端的戴维南等效电路。（天津大学 2006 年攻读硕士学位研究生入学考试试题）

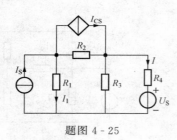 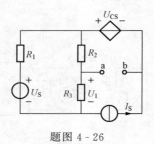

　　　　题图 4-25　　　　　　　　　　　　　　题图 4-26

5. 题图 4-27 所示电路中，

(1) 求 a、b 左端虚线框内电路 N_1 的戴维南等效电路参数 U_{OC1}、R_{eq1}。

(2) 求 1Ω 电阻以外的电路 N_2（c、d 左端电路）的戴维南等效电路参数 U_{OC2}、R_{eq2}。

(3) 若 1Ω 电阻可以任意改变以获得最大功率 P_{max}，问是否有 $P_{max}=\dfrac{U_{OC2}^2}{4R_{eq2}}$？为什么？

（河北工业大学 2010 年攻读硕士学位研究生入学考试试题）

6. 题图 4-28 所示电路中，N 为无源线性电阻网络，$I_S=2A$，R 为可调电阻。当 $R=3\Omega$ 时，测得 $U_2=3V$；当 $R=6\Omega$ 时，测得 $U_2=4.8V$；当 $R=\infty$ 时，测得 $U_2=20V$。现 $I_S=4A$，试求：①R 为何值时，可获得最大功率，并求此最大功率 P_{max}；②此时 I_S 发出的功率。（天津大学 2006 年攻读硕士学位研究生入学考试试题）

7. 题图 4-29 所示电路中，N_S 为含源线性电阻网络。已知当 $R_2=6\Omega$ 时，$U_2=6V$，$I_1=-4A$；当 $R_2=15\Omega$ 时，$U_2=7.5V$，$I_1=-7A$。求：

(1) $R_2=$？时可以获得最大功率，并求此最大功率 P_{max}。

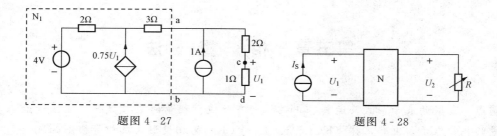

题图 4 - 27   题图 4 - 28

（2）$R_2=$？可使 $I_1=0$A。（天津大学 2005 年攻读硕士学位研究生入学考试试题）

8. 题图 4 - 30 所示电路中含有理想运算放大器，负载 R_L 可调。求当 $R_L=$？时可以获得最大功率，并求此最大功率 $P_{\max}$。（2002 年西安交通大学电气学院工学硕士电路试题）

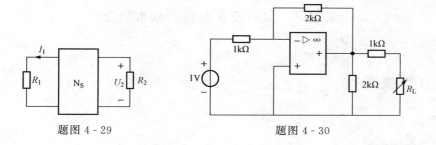

题图 4 - 29   题图 4 - 30

9. 题图 4 - 31 所示电路中，负载 R_L 可调。求当 $R_L=$？时可以获得最大功率，并求此最大功率 $P_{\max}$。（2008 年西安交通大学电气学院工学硕士电路试题）

10. 题图 4 - 32 所示电路中的电阻均为线性电阻，根据题图 4 - 32（a）、（b）中的已知情况，求图 4 - 32（b）中的电流 I。（2008 年西安交通大学电气学院工学硕士电路试题）

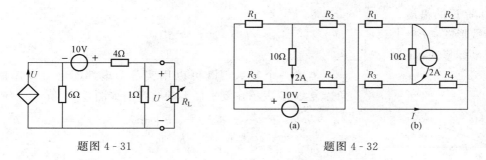

题图 4 - 31   题图 4 - 32

第五章 相 量 法

重点：复数的表示形式及运算，正弦量、有效值、相量的基本概念，正弦量的三要素，正弦量的相量表示，电路定律（KCL、KVL、VCR）的相量形式及相量模型等。

难点：正弦量和正弦量之间的关系，电路定律的相量形式及其运用。

要求：熟悉复数的表示形式及运算，深刻理解正弦量、有效值和相量的概念，熟练掌握正弦量三要素及其相量表示，电路定律的相量形式及相量模型。

课题一 复数及正弦量的基本概念

 内容提要

1 复数

（1）复数的四种形式。

设复数为 F，则 F 有如下四种表示形式：

代数形式：$F = a + \mathrm{j}b$。其中，$\mathrm{j} = \sqrt{-1}$ 为虚数单位；$a = \mathrm{Re}[F]$ 称为 F 的实部；$b = \mathrm{Im}[F]$ 称为 F 的虚部。

三角形式：$F = |F|(\cos\theta + \mathrm{j}\sin\theta)$。其中，$|F| = \sqrt{a^2 + b^2}$ 称为 F 的模（幅值）；$\theta = \arg F$ 称为 F 的幅角。

指数形式：$F = |F|\mathrm{e}^{\mathrm{j}\theta}$。

极坐标形式：$F = |F|\angle\theta$。

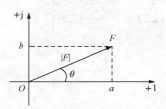

图 5-1 复数 F 的表示

描述一个复数，既可以用实部、虚部，也可以用模和幅角。复数 F 表示在复平面上的示意图如图 5-1 所示。有

$$a = |F|\cos\theta \qquad b = |F|\sin\theta \qquad |F| = \sqrt{a^2 + b^2}$$

$$\theta = \arg F = \begin{cases} \arctan\dfrac{b}{a} & (a > 0) \\ \pi - \arctan\dfrac{b}{|a|} & (a < 0,\ b > 0) \\ -\pi + \arctan\left|\dfrac{b}{a}\right| & (a < 0,\ b < 0) \end{cases}$$

（2）复数的运算。

F^* 是复数 F 的共轭复数，$F^* = a - \mathrm{j}b = |F|\angle-\theta$

设复数 $F_1 = a_1 + \mathrm{j}b_1 = |F_1|\angle\theta_1$，$F_2 = a_2 + \mathrm{j}b_2 = |F_2|\angle\theta_2$，则它们的四则运算有

加、减法 $F_1 \pm F_2 = (a_1 + \mathrm{j}b_1) \pm (a_2 + \mathrm{j}b_2) = (a_1 \pm a_2) + \mathrm{j}(b_1 \pm b_2)$

乘法 $F_1 F_2 = (a_1 + \mathrm{j}b_1)(a_2 + \mathrm{j}b_2) = (a_1 a_2 - b_1 b_2) + \mathrm{j}(a_1 b_2 + a_2 b_1)$

$$F_1 F_2 = |F_1| \angle \theta_1 |F_2| \angle \theta_2 = |F_1||F_2| \angle (\theta_1 + \theta_2)$$

即"复数相乘，等于模相乘，幅角相加"。

除法 $\dfrac{F_1}{F_2} = \dfrac{a_1 + jb_1}{a_2 + jb_2} = \dfrac{(a_1+jb_1)(a_2-jb_2)}{(a_2+jb_2)(a_2-jb_2)} = \dfrac{a_1 a_2 + b_1 b_2}{a_2^2 + b_2^2} + j \dfrac{a_2 b_1 - a_1 b_2}{a_2^2 + b_2^2}$

$$\frac{F_1}{F_2} = \frac{|F_1| \angle \theta_1}{|F_2| \angle \theta_2} = \frac{|F_1|}{|F_2|} \angle (\theta_1 - \theta_2)$$

即"复数相除，等于模相除，幅角相减"。

复数 $e^{j\theta} = 1 \angle \theta$ 称为旋转因子。"j""−j"和"−1"都可以看作特殊的旋转因子，幅角分别为 $\dfrac{\pi}{2}$、$-\dfrac{\pi}{2}$ 和 $\pm\pi$。

2 正弦量的基本概念

电路中随时间按正弦或余弦规律变化的电压或电流，统称为正弦量。本书采用余弦函数 cos 表示正弦量。正弦量有瞬时值表达式和波形图两种形式。

（1）正弦量的三要素。

设正弦电流 $i(t)$，其瞬时值表达式为

$$i(t) = I_m \cos(\omega t + \varphi_i)$$

式中 I_m——振幅（幅值、最大值），反映正弦量变化幅度的大小；

ω——正弦量的角频率，反映正弦量的相位的变化速度，与频率 f、周期 T 的关系为

$$\omega = \frac{2\pi}{T} = 2\pi f$$

φ_i——正弦量的初相位、初相角，简称初相，是正弦量在 $t=0$ 时刻的相位，反映了正弦量的计时起点，一般规定 $|\varphi_i| \leqslant \pi$；

$\omega t + \varphi_i$——正弦量的相位。

正弦量的振幅、角频率（频率）、初相称为正弦量的三要素。

正弦电流 $i(t)$ 的波形图如图 5-2 所示。

（2）同频率正弦量的相位差。

两个同频率正弦量的相位之差，称为相位差。

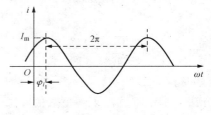

图 5-2 正弦电流 $i(t)$ 的波形图（$\varphi_i < 0$）

相位差等于初相之差，常用"超前"和"滞后"来说明两个同频率正弦量的相位关系。设有两个同频率的正弦量 $u(t) = U_m \cos(\omega t + \varphi_u)$，$i(t) = I_m \cos(\omega t + \varphi_i)$，波形如图 5-3 所示。$u(t)$、$i(t)$ 的相位差为 $\varphi_{ui} = \varphi_u - \varphi_i$，且 $|\varphi_{ui}| \leqslant \pi$。若 $\varphi_{ui} > 0$，称 $u(t)$ 超前 $i(t) \varphi_{ui}$，表明 $u(t)$ 先到达正的最大值；若 $\varphi_{ui} < 0$，称 $u(t)$ 滞后 $i(t) |\varphi_{ui}|$；若 $\varphi_{ui} = 0$，称 $u(t)$ 与 $i(t)$ 同相；若 $\varphi_{ui} = \pm\dfrac{\pi}{2}$，称 $u(t)$ 与 $i(t)$

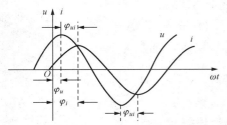

图 5-3 同频率正弦量的相位差（$\varphi_{ui} > 0$）

正交；若 $\varphi_{ui} = \pm\pi$，称 $u(t)$ 与 $i(t)$ 反相。

（3）正弦量的有效值。

任一周期量的有效值等于其瞬时值在一个周期内积分的平均值的平方根，因此又称为均方根值。设正弦电流 $i(t)=I_\mathrm{m}\cos(\omega t+\varphi_i)$，其有效值

$$I=\sqrt{\frac{1}{T}\int_0^T i^2\mathrm{d}t}=\sqrt{\frac{I_\mathrm{m}^2}{2}}\approx0.707I_\mathrm{m}$$

即正弦量的有效值是振幅的 $\frac{1}{\sqrt{2}}=0.707$ 倍，或者振幅是有效值的 $\sqrt{2}$ 倍。所以 $i(t)$ 又可以写为

$$i(t)=\sqrt{2}I\cos(\omega t+\varphi_i)$$

同理，正弦电压 $u(t)=U_\mathrm{m}\cos(\omega t+\varphi_u)=\sqrt{2}U\cos(\omega t+\varphi_u)$。

典型例题

【例 5-1】 复数 $F_1=2-\mathrm{j}2$，$F_2=3-\mathrm{j}4$，用极坐标形式表示 F_1+F_2、F_1F_2 和 $\frac{F_1}{F_2}$。

解 根据题意，先将两个代数形式的复数变成极坐标形式

$$F_1=2-\mathrm{j}2=2\sqrt{2}\angle-45°\qquad F_2=3-\mathrm{j}4=5\angle-53.13°$$

复数加、减用代数形式较方便，最后再转成极坐标形式，即

$$F_1+F_2=2-\mathrm{j}2+3+\mathrm{j}4=5+\mathrm{j}2=5.39\angle21.8°$$

复数乘、除法用极坐标形式较方便，即

$$F_1F_2=2\sqrt{2}\angle-45°\times5\angle53.13°=10\sqrt{2}\angle8.13°=14.14\angle8.13°$$

$$\frac{F_1}{F_2}=\frac{2\sqrt{2}\angle-45°}{5\angle53.13°}=\frac{2\sqrt{2}}{5}\angle-98.13°=0.57\angle-98.13°$$

【解题指导与点评】 本题的考点是复数常用代数形式、极坐标形式的转换和复数四则运算方法。求解本题需了解复数的实部、虚部和模、幅角之间的关系，以及复数四则运算常用复数形式。

【例 5-2】 已知 $u_1(t)=20\cos(10\pi t+30°)\mathrm{V}$，$i_2(t)=-10\cos(10\pi t-105°)\mathrm{A}$，$i_3(t)=3\sqrt{2}\sin(10\pi t-30°)\mathrm{A}$。求：①各正弦量的三要素；②各正弦量的相位差，并说明相位关系。

解 首先将正弦量 $i_2(t)$、$i_3(t)$ 化为如下基本形式

$$i_2(t)=-10\cos(10\pi t-105°)=10\cos(10\pi t+75°)\mathrm{A}$$

$$i_3(t)=3\sqrt{2}\sin(10\pi t-30°)=3\sqrt{2}\cos(10\pi t-120°)\mathrm{A}$$

（1）$u_1(t)$ 三要素：$U_{1\mathrm{m}}=20\mathrm{V}\left(\text{或}\ U_1=\frac{20}{\sqrt{2}}=10\sqrt{2}\mathrm{V}\right)$，$\omega_1=10\pi$，$\varphi_{u_1}=30°$

$i_2(t)$ 三要素：$I_{2\mathrm{m}}=10\mathrm{A}\left(\text{或}\ I_2=\frac{10}{\sqrt{2}}=5\sqrt{2}\mathrm{A}\right)$，$\omega_2=10\pi$，$\varphi_{i2}=75°$

$i_3(t)$ 三要素：$I_{3\mathrm{m}}=3\sqrt{2}\mathrm{A}$（或 $I_3=3\mathrm{A}$），$\omega_3=10\pi$，$\varphi_{i3}=-120°$

$\omega_1=\omega_2=\omega_3$，因此 $u_1(t)$、$i_2(t)$、$i_3(t)$ 属于同频率正弦量。

（2）正弦电压 $u_1(t)$ 和正弦电流 $i_2(t)$ 的初相之差

$$\varphi_{12}=\varphi_{u1}-\varphi_{i2}=30°-75°=-45°$$

因此 $u_1(t)$ 滞后 $i_2(t)$ 45°。

正弦电压 $u_1(t)$ 和正弦电流 $i_3(t)$ 的相位差

$$\varphi_{13}=\varphi_{u1}-\varphi_{i3}=30°-(-120°)=150°$$

因此 $u_1(t)$ 超前 $i_3(t)$ 150°。

正弦电流 $i_2(t)$ 和 $i_3(t)$ 的初相之差

$$\varphi_{23}=\varphi_{i2}-\varphi_{i3}=75°-(-120°)=195°>180°$$

超出主值范围，所以它们的相位差

$$\varphi_{23}=195°-360°=-165°$$

因此 $i_2(t)$ 滞后 $i_3(t)$ 165°。

【解题指导与点评】　本题的考点是正弦量的三要素和同频率正弦量的相位差。正弦量的三要素是振幅（或有效值）、角频率（频率）、初相。同频率正弦量的相位差，等于初相之差。通常只对同频率的两个正弦量才作相位比较，求相位差时，要将两个正弦量用相同的余弦函数或正弦函数表示，且两个函数前均是正号，两个正弦量的初相及相位差均在 $-180°\sim+180°$。

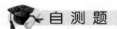 自测题

一、选择题

1. 下列关于复数的说法错误的是（　　）。

A. $a+jb$ 与 $a-jb$ 互为共轭复数

B. $1\angle\theta$ 称为旋转因子

C. 两个复数相乘，等于模相乘，幅角相加

D. 两个复数相除，等于模相除，幅角相加

2. 若 $u(t)=10\cos(10\pi t-60°)$，$i(t)=2\cos(10\pi t+60°)$，则 $u(t)$ 和 $i(t)$ 的关系是（　　）。

A. $u(t)$ 和 $i(t)$ 正交　　　　　　B. $u(t)$ 和 $i(t)$ 反相

C. $u(t)$ 超前 $i(t)$ 120°　　　　　D. $u(t)$ 滞后 $i(t)$ 120°

3. 若 $u(t)=10\cos(10\pi t-60°)$，$i(t)$ 与 $u(t)$ 频率相同，有效值为5，且滞后 $i(t)$10°，则 $i(t)$ 的瞬时值表达式是（　　）。

A. $i(t)=5\cos(10\pi t-70°)$　　　　　B. $i(t)=5\sqrt{2}\cos(10\pi t-70°)$

C. $i(t)=5\cos(10\pi t-50°)$　　　　　D. $i(t)=5\sqrt{2}\cos(10\pi t-50°)$

二、填空题

1. 复数 $F=5-j6$ 的极坐标形式为_____。

2. 电路中随时间按正弦或余弦规律变化的电压或电流，统称为_____。

3. 正弦量的三要素是振幅、角频率和_____。

4. 正弦电流 $i(t)=2\cos(10\pi t+60°)$ 的有效值是_____，频率是_____Hz。

5. 正弦电压 $u(t)=100\sqrt{2}\sin(314t-30°)$ 的有效值是_____，频率是_____Hz，

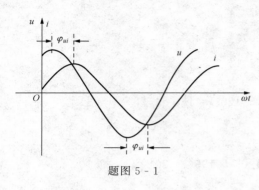

题图 5 - 1

初相是_____。

6. 同频率正弦量的相位之差，称为_____。

7. 若 $u(t) = -10\sin(10\pi t - 30°)$，$i(t) = 2\cos(10\pi t + 60°)$，则 $u(t)$ 和 $i(t)$ 的关系是_____。

8. 若 $u(t) = 10\sin(10\pi t - 30°)$，$i(t) = 2\cos(10\pi t + 100°)$，则 $u(t)$、$i(t)$ 的相位差 φ_{ui}_____。

9. 如题图 5 - 1 所示波形，则 $u(t)$ 和 $i(t)$ 的关系是_____。

课 题 二　相 量 法 基 础

 内容提要

1　正弦量的相量表示、相量图

正弦稳态电路中，所有电压、电流都为同频率的正弦量，即角频率 ω 相同，因此分析正弦稳态电路时，只需求出某个正弦电压或电流的振幅（或有效值）、初相即可。因此可以用一个复数对应正弦量的振幅（或有效值）、初相。

设正弦电压、正弦电流分别为

$$u(t) = U_m\cos(\omega t + \varphi_u) = \sqrt{2}U\cos(\omega t + \varphi_u)$$
$$i(t) = I_m\cos(\omega t + \varphi_i) = \sqrt{2}I\cos(\omega t + \varphi_i)$$

其振幅相量分别为

$$\dot{U}_m = U_m e^{j\varphi_u} = U_m\angle\varphi_u$$
$$\dot{I}_m = I_m e^{j\varphi_i} = I_m\angle\varphi_i$$

有效值相量分别为

$$\dot{U} = U e^{j\varphi_u} = U\angle\varphi_u$$
$$\dot{I} = I e^{j\varphi_i} = I\angle\varphi_i$$

有效值相量，简称为相量。

振幅相量和相量的关系为

$$\dot{U}_m = \sqrt{2}\,\dot{U}$$
$$\dot{I}_m = \sqrt{2}\,\dot{I}$$

相量（或振幅相量）的幅角与正弦量的初相对应，因此两个相量（或振幅相量）的幅角之差即为两个同频率正弦量的相位差。

相量在复平面上的图形称为相量图，同频率的正弦量的相量可以画在同一相量图中，相位关系更直观，如图 5 - 4 所示。电压、电流的相位差 φ_{ui}，电压超前电流。

2 正弦量运算向相量运算的转化

同频率正弦量的代数和、微分、积分结果仍然是同频率的
正弦量，可以转化为相量运算。

(1) 相等

$$i_1(t)=i_2(t)\leftrightarrow \dot I_1=\dot I_2$$

(2) 线性

$$i_1(t)=k_1i_1(t)\pm k_2i_2(t)\leftrightarrow \dot I=k_1\dot I_1\pm k_2\dot I_2$$

式中 k_1、k_2 为不为零的实数。

(3) 正弦量微分（相量乘以 $j\omega$）

$$\frac{di(t)}{dt}\leftrightarrow j\omega \dot I$$

(4) 正弦量积分（相量除以 $j\omega$）

$$\int i(t)dt \leftrightarrow \frac{\dot I}{j\omega}$$

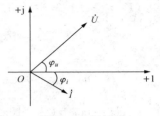

图 5-4 相量图

典型例题

【例 5-3】 已知 $u(t)=220\sqrt 2\cos(\omega t+10°)$ V，$i(t)=50\sqrt 2\sin(\omega t+30°)$ A。试求：
(1) $\dot U$、$\dot I$；(2) 相位差 φ_{ui}，并描述 $u(t)$ 和 $i(t)$ 的相位关系。

解 (1) $u(t)=220\sqrt 2\cos(\omega t+10°)$V，对应

$$\dot U=220\angle 10°\text{V}$$

$i(t)=50\sqrt 2\sin(\omega t+30°)=50\sqrt 2\cos(\omega t-60°)$ A，对应

$$\dot I=50\angle -60°\text{A}$$

(2) 相位差

$$\varphi_{ui}=10°-(-60°)=70°$$

$u(t)$ 超前 $i(t)$ $70°$。

【解题指导与点评】 本题的考点是正弦量与相量的对应关系和相位差问题。正弦量有
三个要素：有效值、角频率和初相，而相量只体现了两个要素，即相量的模对应正弦量的有
效值，相量的幅角对应正弦量的初相。一个正弦量唯一对应着一个相量。从正弦量可以直接
写出所对应的相量，但是从相量到正弦量，需知道电路的角频率或频率。同一正弦稳态电路
中，所有的正弦量都是同频率的，即角频率相同。两个同频率正弦量的相位差，等于两个相
量的幅角之差，用"超前""滞后"来描述。

【例 5-4】 已知 $u_1=10\sqrt 2\cos(314t+15°)$ V，$u_2=141.4\cos(314t-45°)$ V，$u=u_1+$
u_2。试求：(1) u_1、u、$\int u_2(t)dt$ 、$\frac{du_1(t)}{dt}$的相量形式；(2) u、$\int u_2(t)dt$ 、$\frac{du_1(t)}{dt}$的瞬时值
表达式。

解 由于 $u_1(t)$、$u_2(t)$ 为同频率正弦量，则其和、微分、积分仍为同频率的正弦量。

（1）$u_1 = 10\sqrt{2}\cos(314t + 15°)\mathrm{V}$，$u_2 = 141.4\cos(314t + 45°)\mathrm{V}$，对应

$$\dot{U}_1 = 10\angle 15°\mathrm{V}，\quad \dot{U}_2 = \frac{141.4}{\sqrt{2}}\angle -45°\mathrm{V} = 100\angle -45°\mathrm{V}$$

$u = u_1 + u_2$、$\int u_2(t)\mathrm{d}t$、$\dfrac{\mathrm{d}u_1(t)}{\mathrm{d}t}$ 的相量形式分别为

$$\dot{U} = \dot{U}_1 + \dot{U}_2 = 10\angle 15° + 100\angle -45° = 79.73 - \mathrm{j}67.48 = 104.45\angle -40.24°\mathrm{V}$$

$$\mathrm{j}\omega\,\dot{U}_1 = \mathrm{j}314 \times 10\angle 15° = 3140\angle 105°$$

$$\frac{\dot{U}_2}{\mathrm{j}\omega} = \frac{100\angle -45°}{\mathrm{j}314} = 0.32\angle -135°$$

（2）由前面所求相量，对应

$$u = u_1 + u_2 = 104.45\sqrt{2}\cos(314t - 40.24°)\mathrm{V}$$

$$\frac{\mathrm{d}u_1(t)}{\mathrm{d}t} = 3140\sqrt{2}\cos(314t + 105°)$$

$$\int u_2(t)\mathrm{d}t = 0.32\sqrt{2}\cos(314t - 135°)$$

【解题指导与点评】　　本题的考点是正弦量转化为相量、正弦量运算转化为相量运算。正弦量的代数和、微分、积分等运算的结果，仍然是同频率的正弦量，因此正弦量各种运算可以转化为相量的运算，再将相量形式的结果转化为同频率的正弦量。注意相量的模对应着正弦量的有效值，而不是振幅。

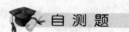 自 测 题

一、选择题

1. 若两个同频率正弦量 $i_1(t)$ 与 $i_2(t)$ 的相量分别为 $\dot{I}_1 = 10\angle 30°\mathrm{A}$，$\dot{I}_2 = -20\angle -150°\mathrm{A}$，则 $i_1(t)$ 与 $i_2(t)$ 的相位差为（　　）。

A. 120°　　　　　　　B. $-120°$　　　　　　C. 0°　　　　　　　　D. 180°

2. 两个同频率正弦量 $u(t) = 10\sqrt{2}\cos(\omega t + 75°)\mathrm{V}$，$i(t) = 10\sin(\omega t - 45°)\mathrm{A}$。下面说法错误的是（　　）。

A. $\dot{U} = 10\angle 75°\mathrm{V}$　　　　　　　　　B. $\dot{I} = 5\sqrt{2}\angle -135°\mathrm{A}$

C. $\dot{I} = 5\sqrt{2}\angle -45°\mathrm{A}$　　　　　　　　D. 电压 $u(t)$ 滞后电流 $i(t)$ 150°

二、填空题

1. 若 $i = -10\cos(\omega t - 45°)\mathrm{A}$，则对应的 $\dot{I}$ _____ A。

2. 若 $\dot{U} = 10\angle 105°\mathrm{V}$，$f = 50\mathrm{Hz}$，则 $u(t)$ _____ V。

3. 若 $\dot{U} = -100\angle 45°\mathrm{V}$，$\omega = 1000\mathrm{rad/s}$，则 $u(t)$ _____ V。

4. 若同频正弦量 u_1、u_2 对应的相量 $\dot{U}_1 = 10\angle 75°\mathrm{V}$，$\dot{U}_2 = 8\angle -15°\mathrm{V}$，则 u_2、u_1 的相位差等于 _____。

5. 若正弦量 $u_1(t)$ 对应的相量 $\dot{U}_1=10\angle75°$V，$\omega=314$rad/s，$u_2(t)$ 与 $u_1(t)$ 是同频正弦量，有效值为 5V，且超前 $u_1(t)$ $100°$，则 $u_2(t)$ _____ V。

三、计算题

1. 已知正弦电流 $i_1=4\sqrt{2}\cos(314t+30°)$A，$i_2=5\sqrt{2}\sin(314t-20°)$A，求 i_1+i_2。

课题三　电路定律的相量形式

 **内容提要**

1 **基尔霍夫定律（KCL、KVL）的相量形式**

在集总电路中，基尔霍夫电流定律（KCL）的相量形式为

$$\sum \dot{I}=0 \qquad （任一节点、封闭面或割集）$$

基尔霍夫电压定律（KVL）的相量形式为

$$\sum \dot{U}=0 \qquad （任一回路）$$

2 **基本元件伏安关系（VCR）的相量形式**

基本元件（电阻、电感、电容）的伏安关系（VCR）的相量形式见表 5 - 1。

表 5 - 1　　　　　　　　基本元件伏安关系（VCR）的相量形式

元件	时　域　形　式		相　量　形　式	
	时域模型	波　形　图	相量模型	相　量　图
电阻	$u_R=Ri_R$		$\dot{U}_R=R\dot{I}_R$	$U_R=RI_R$　$\varphi_u=\varphi_i$
电感	$u_L=L\dfrac{di_L}{dt}$		$\dot{U}_L=j\omega L\dot{I}_L$ $=jX_L\dot{I}_L$	$\dot{U}_L=\omega LI_L$ $=X_LI_L$　$\varphi_u=\varphi_i+\dfrac{\pi}{2}$

续表

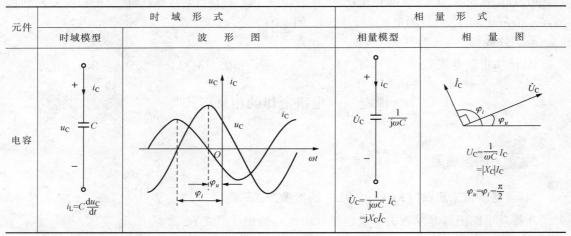

元件	时 域 形 式		相 量 形 式	
	时域模型	波 形 图	相量模型	相 量 图
电容				

注　X_L 称为电感的感抗；$X_C = -\dfrac{1}{\omega C}$ 称为电容的容抗。

③　正弦稳态电路分析计算的步骤

（1）对电路中的电压、电流进行初步的定性分析，选定电压、电流的参考方向。

（2）建立电路的相量模型：将电路中所有的电压和电流（包括独立源、受控源和各支路电压、电流）用相量形式标记，电阻、电感、电容元件分别用复数形式的 R、$j\omega L$（或 jX_L）、$\dfrac{1}{j\omega C}$（或 jX_C）标记，其他与原电路模型相同。

（3）根据电路的基本定律（KCL、KVL、VCR）的相量形式列出必要的方程。

（4）进行具体的分析计算。

典型例题

【例 5 - 5】　如图 5 - 5（a）所示，已知 $u = 100\cos(10t - 45°)$ V，$i = i_1 = 10\cos(10t - 45°)$ A，$i_2 = 20\cos(10t - 45°)$ A。试判断元件 1、2、3 的性质并求元件参数。

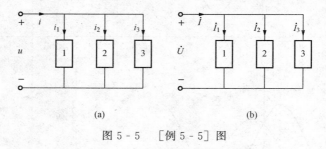

(a)　　　　　　　　　　　(b)

图 5 - 5　［例 5 - 5］图

解　画出电路的相量模型如图 5 - 5（b）。则

$$\dot{U} = \frac{100}{\sqrt{2}} \angle -45° = 50\sqrt{2} \angle -45° \text{ V}$$

$$\dot{I} = \dot{I}_1 = \frac{10}{\sqrt{2}} \angle -45° = 5\sqrt{2} \angle -45°\text{A}, \quad \dot{I}_2 = \frac{20}{\sqrt{2}} \angle -45° = 10\sqrt{2} \angle -45°\text{A}$$

根据 KCL，有

$$\dot{I}_3 = \dot{I} - \dot{I}_1 - \dot{I}_2 = -10\sqrt{2} \angle 45° = 10\sqrt{2} \angle -135°\text{A}$$

根据 KVL 和 VCR，各元件电压相量与电流相量均为关联参考方向，相位差分别为

$$\varphi_1 = -45° - (-45°) = 0°$$

$$\varphi_2 = -45° - 45° = -90°$$

$$\varphi_3 = -45° - (-135°) = 90°$$

表明元件 1 电压、电流同相，为电阻元件，参数 $R = \dfrac{U}{I_1} = \dfrac{50\sqrt{2}}{5\sqrt{2}} = 10\Omega$

元件 2 电压滞后电流 90°，为电容元件，参数 $C = \dfrac{I_2}{U\omega} = \dfrac{10\sqrt{2}}{50\sqrt{2} \times 10} = 0.02\text{F}$

元件 3 电压超前电流 90°，为电感元件，参数 $L = \dfrac{U}{I_3\omega} = \dfrac{50\sqrt{2}}{10\sqrt{2} \times 10} = 0.5\text{H}$

【解题指导与点评】 本题的考点是基本定律（KCL、KVL、VCR）的相量形式和相量模型。本题做题思路是将电路时域模型转换为相量模型，原正弦量以相量形式表示，然后针对相量模型，根据基本定律的相量形式，求解得到相量形式结果。判断元件性质，其依据是元件 VCR。当元件的电压、电流为关联参考方向时，电压、电流同相，为电阻元件；电压滞后电流 90°，为电容元件；电压超前电流 90°，为电感元件。试求 R、L、C 元件参数（利用电压电流有效值和电源角频率），即 $R = U_R/I_R$、$L = U_L/(\omega I_L)$、$C = I_C/(\omega U_C)$。

【例 5 - 6】 如图 5 - 6（a）所示电路中，已知 $i_S = 10\sqrt{2}\cos(10^3 t)$ A，$R = 0.5\Omega$，$C = 2 \times 10^{-3}$F。试画出电路相量图，并求电压 u。

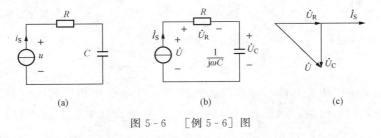

图 5 - 6 ［例 5 - 6］图

解 画出电路相量模型如图 5 - 6（b）所示，由已知可得

$$\dot{I}_S = 10 \angle 0°\text{A}, \quad \frac{1}{j\omega C} = \frac{1}{j10^3 \times 2 \times 10^{-3}} = -j0.5\Omega$$

根据 KCL、VCR，有

$$\dot{U}_R = R\dot{I}_S = 0.5 \times 10 \angle 0° = 5 \angle 0° = 5\text{V}$$

$$\dot{U}_C = \frac{1}{j\omega C} \dot{I}_S = -j0.5 \times 10 \angle 0° = 5 \angle -90° = -j5\text{V}$$

根据 KVL，有

$$\dot{U} = \dot{U}_R + \dot{U}_C = 5 - j5 = 5\sqrt{2} \angle -45°\text{V}$$

　　　画出电路的相量图，如图 5 - 6（c）所示，$\dot{U}=\dot{U}_{\mathrm{R}}+\dot{U}_{\mathrm{C}}$。

　　　电压相量转为正弦量形式，有

$$u=10\cos(10^3 t-45°)\mathrm{V}$$

　　【解题指导与点评】　　本题的考点是正弦量与相量互相转化，基本定律（KCL、KVL、VCR）的相量形式和相量模型。本题做题思路是电路时域模型转相量模型，原正弦量以相量形式表示，然后针对相量模型，根据基本定律的相量形式，求解得到相量形式结果，最后转为正弦量的瞬时值形式。画相量模型时，一要注意各电压、电流（包括原电路图没有，因解题需要添加的）用相量形式标记；二要注意电阻、电感、电容元件分别用 R、$\mathrm{j}\omega L$、$\dfrac{1}{\mathrm{j}\omega C}$ 标记。电路中有电流源，根据 KCL，与电流源串联的元件其电流服从于电流源电流。另外，根据元件的性质，电阻与电容或电感串联，在相量图中，两分电压相量与端电压相量构成一个关于电压的直角三角形，满足 $U=\sqrt{U_{\mathrm{R}}^2+U_{\mathrm{C}}^2}$ 或 $U=\sqrt{U_{\mathrm{R}}^2+U_{\mathrm{L}}^2}$，其中 U 为串联后端电压有效值；电阻与电容或电感并联，在相量图中，两分支电流相量与总电流相量构成一个关于电流的直角三角形，满足 $I=\sqrt{I_{\mathrm{R}}^2+I_{\mathrm{C}}^2}$ 或 $I=\sqrt{I_{\mathrm{R}}^2+I_{\mathrm{L}}^2}$，其中 I 为并联后端电流有效值。

　　【例 5 - 7】　　如图 5 - 7（a）中仪表为交流电压表，其仪表所指示的读数为电压的有效值，三个电压表的读数分别为 Ⓥ₁ 示数 3V，Ⓥ₂ 示数 8V，Ⓥ₃ 示数 4V。试求电压源电压有效值 U_{S}，并画出电压相量图。

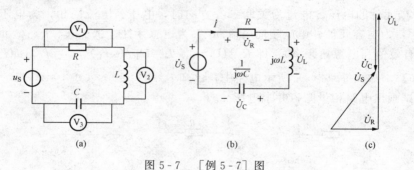

图 5 - 7　［例 5 - 7］图

　　解　　图中各交流电压表的读数就是仪表所测量元件的电压相量的模（有效值），但初相未知。画出电路的相量模型，如图 5 - 7（b）所示。显然，如果设流过所有元件的电流为参考相量，即令 $\dot{I}=I\angle0°\mathrm{A}$，则根据元件的 VCR 就能方便地确定串联支路的电压的初相。各电压相量分别为

$$\dot{U}_{\mathrm{R}}=R\dot{I}=3\angle0°=3\mathrm{V}\ （与 \dot{I} 同相）$$

$$\dot{U}_{\mathrm{L}}=\mathrm{j}\omega L\dot{I}=8\angle90°=\mathrm{j}8\mathrm{V}\ （超前 \dot{I}\ 90°）$$

$$\dot{U}_{\mathrm{C}}=\frac{1}{\mathrm{j}\omega C}\dot{I}=4\angle-90°=-\mathrm{j}4\mathrm{V}\ （滞后 \dot{I}\ 90°）$$

根据 KVL，有

$$\dot{U}_{\mathrm{S}}=\dot{U}_{\mathrm{R}}+\dot{U}_{\mathrm{L}}+\dot{U}_{\mathrm{C}}=3+\mathrm{j}4=5\angle53.13°\mathrm{V}$$

所以，电压源电压有效值

$$U_{\rm S}=5{\rm V}$$

画出电压相量图，如图 5 - 7 (c) 所示。图中 $\dot{U}_{\rm S}=\dot{U}_{\rm R}+\dot{U}_{\rm L}+\dot{U}_{\rm C}$。

【解题指导与点评】 本题的考点是基本定律（KCL、KVL、VCR）的相量形式和相量模型、相量图。正弦稳态电路中交流电压表、交流电流表读数表示的是相应电压、电流的有效值。为方便分析，可选择串联电路中的电流相量或并联电路的端电压相量为参考相量，这样不会改变电流、电压的大小和相互间的相位差。KVL（KCL）方程中的电压（电流）均为相量，电压（电流）有效值不满足 KVL（KCL）方程，如本题中，对回路而言，$U_{\rm S}\ne U_{\rm R}+U_{\rm L}+U_{\rm C}$。体现 KVL（KCL）的电压（电流）相量图中各支路电压（电流）相量组成一个闭合多边形。

【例 5 - 8】 如图 5 - 8 (a) 中，已知 $L=5{\rm mH}$，$u=100\cos(\omega t+75°){\rm V}$，$i=10\sqrt{2}\cos(\omega t+30°){\rm A}$，$\omega=1000{\rm rad/s}$。试求 $i_{\rm L}$、$i_{\rm C}$ 的表达式。

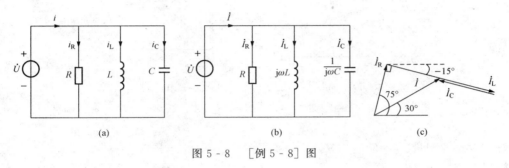

图 5 - 8 ［例 5 - 8］图

解 画出电路的相量模型，如图 5 - 8 (b) 所示。其中 $\dot{U}=\dfrac{100}{\sqrt{2}}\angle 75°=50\sqrt{2}\angle 75°{\rm V}$，

$\dot{I}=10\angle 30°{\rm A}$，$j\omega L=j1000\times 5\times 10^{-3}=j5\Omega$。

根据 KVL 和 VCR，得

$$\dot{I}_{\rm L}=\frac{\dot{U}}{j\omega L}=\frac{50\sqrt{2}\angle 75°}{j5}=10\sqrt{2}\angle -15°{\rm A}$$

$$\dot{I}_{\rm R}=\frac{\dot{U}}{R}=\frac{50\sqrt{2}\angle 75°}{R}=\frac{50\sqrt{2}}{R}\angle 75°{\rm A}$$

$$\dot{I}_{\rm C}=j\omega C\,\dot{U}=j\omega C\times 50\sqrt{2}\angle 75°=50\sqrt{2}\,\omega C\angle 165°{\rm A}$$

根据 KCL，有 $\dot{I}=\dot{I}_{\rm R}+\dot{I}_{\rm L}+\dot{I}_{\rm C}$，画出相量图如图 5 - 8 (c) 所示，得

$$I_{\rm C}=I_{\rm L}-I\sin(75°-30°)=10\sqrt{2}-10\sin 45°=5\sqrt{2}\,{\rm A}$$

所以

$$i_{\rm L}=20\cos(1000t-15°){\rm A}$$

$$i_{\rm C}=10\cos(1000t+165°){\rm A}$$

【解题指导与点评】 本题的考点是基本定律（KCL、KVL、VCR）的相量形式和相量模型、相量图。本题利用 KVL，得到各无源元件（电阻、电感、电容）的电压相量都等于 $\dot{U}$，也可以理解为元件与电压源并联，其电压相量服从于电压源的电压相量。各无源元件的电压、电流取关联参考方向时，由 VCR 可求得电感电流相量 $\dot{I}_{\rm L}$，但是因为电阻 R、电容 C

未知，只能确定电阻电流相量 $\dot{I}_R$ 与自身电压同相，电容电流相量 $\dot{I}_C$ 滞后自身电压相量 $90°$。利用 KCL，定性画出电流相量图，$\dot{I}=\dot{I}_R+\dot{I}_L+\dot{I}_C$，其中总电流相量 $\dot{I}$ 和电感电流相量 $\dot{I}_L$ 是定量画出的。借助于相量图，注意相量图中各相量幅角，就可以得到 $\dot{I}_C$、$\dot{I}_R$，进而得到 i_C 和 i_R。

【例 5 - 9】　如图 5 - 9（a）所示正弦稳态电路中，已知 $U=100\mathrm{V}$，$I_L=10\mathrm{A}$，$I_C=15\mathrm{A}$，$\dot{U}$ 比 $\dot{U}_C$ 超前 $45°$。试以 $\dot{U}_C$ 为参考相量，定性画出该电路的相量图，并计算 R、X_C 和 X_L 的值。

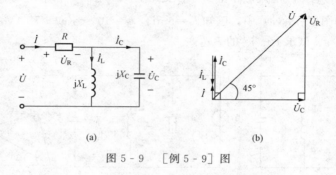

图 5 - 9　［例 5 - 9］图

解　设参考相量 $\dot{U}_C=U_C\angle 0°\mathrm{V}$，则根据题意，$\dot{U}=100\angle 45°\mathrm{V}$。

根据 VCR、KVL，得

$$\dot{I}_C=\frac{\dot{U}_C}{jX_C}=15\angle 90°=j15\mathrm{A}$$

$$\dot{I}_L=\frac{\dot{U}_C}{jX_L}=10\angle -90°=-j10\mathrm{A}$$

根据 KCL，得

$$\dot{I}=\dot{I}_C+\dot{I}_L=j5=5\angle 90°\mathrm{A}$$

根据 VCR 和 KVL，得

$$\dot{U}_R=R\dot{I}=5R\angle 90°=U_R\angle 90°\mathrm{V}$$

$$\dot{U}=\dot{U}_R+\dot{U}_C$$

定性画出电路的相量图，如图 5 - 9（b）所示，其中 $\dot{I}=\dot{I}_C+\dot{I}_L$，$\dot{U}=\dot{U}_R+\dot{U}_C$。

根据相量图，得

$$U_R=U_C=U\sin45°=100\sin45°=50\sqrt{2}\,\mathrm{V}$$

因此，有

$$R=\frac{U_R}{I}=\frac{50\sqrt{2}}{5}=10\sqrt{2}=14.14\,\Omega$$

$$X_C=-\frac{U_C}{I_C}=-\frac{50\sqrt{2}}{15}=-\frac{10\sqrt{2}}{3}=-4.71\,\Omega$$

$$X_L=\frac{U_C}{I_L}=\frac{50\sqrt{2}}{10}=5\sqrt{2}=7.07\,\Omega$$

【解题指导与点评】　　本题的考点是基本定律（KCL、KVL、VCR）的相量形式和相量图。元件 VCR 的相量形式，包括有效值、幅角两方面：前者与电压、电流参考方向无关，有 U_R、RI_R，$U_L = \omega L I_L = X_L I_L$，$U_C = \dfrac{1}{\omega C} I_C = -X_C I_C\left(\text{其中 } X_C = -\dfrac{1}{\omega C}\right)$；后者与电压、电流参考方向有关，若是关联参考方向，则电阻元件电压、电流同相，电感元件电流滞后电压 $90°$，电容元件电压滞后电流 $90°$。本题利用相量图，可以得到两个电压相量 $\dot{U}_R$ 和 $\dot{U}_C$，然后利用元件电压、电流有效值关系，求解所需量。

【例 5 - 10】　　如图 5 - 10 （a）所示正弦稳态电路，已知 $I = 10\text{A}$，$I_R = 6\text{A}$，$I_L = 6\text{A}$，$R = 10\Omega$，电压源 $\omega = 100\pi\,\text{rad/s}$。试求 I_C、L、C 值。

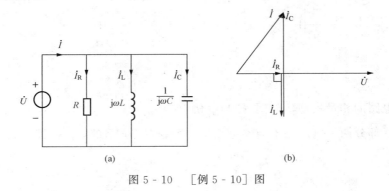

图 5 - 10　　［例 5 - 10］图

解　　设参考相量 $\dot{U} = U\angle 0°\text{V}$。根据 KVL、VCR，得

$$\dot{I}_R = \frac{\dot{U}}{R} = \frac{U\angle 0°}{10} = I_R\angle 0° = 6\angle 0°\text{A}$$

$$U = I_R R = 6 \times 10 = 60\text{V}$$

$$\dot{U} = 60\angle 0°\text{V}$$

所以

$$\dot{I}_L = \frac{\dot{U}}{j\omega L} = \frac{60\angle 0°}{j\omega L} = \frac{60}{\omega L}\angle -90° = I_L\angle -90° = 6\angle -90°\text{A}$$

$$L = \frac{U}{I_L\omega} = \frac{60}{6 \times 100\pi} = 31.8\text{mH}$$

$$\dot{I}_C = j\omega C\dot{U} = j\omega C \times 60\angle 0° = 60\omega C\angle 90° = I_C\angle 90°\text{A}$$

根据 KCL，得

$$\dot{I}_C = \dot{I}_R + \dot{I}_L + \dot{I}_C$$

定性画出 KCL 相量图，如图 5 - 10 （b）所示，得

$$I_C = I_L + \sqrt{I^2 - I_R^2} = 6 + \sqrt{10^2 - 6^2} = 14\text{A}$$

所以

$$C = \frac{I_C}{U\omega} = \frac{14}{60 \times 100\pi} = 742.7\mu\text{F}$$

【解题指导与点评】　　本题的考点是基本定律（KCL、KVL、VCR）的相量形式和相量

图。本题涉及求 R、L、C 参数问题。当电路角频率已知，若元件的电压、电流有效值确定的情况下，则电阻、电感、电容元件的参数分别 $R = \dfrac{U_R}{I_R}$，$L = \dfrac{U_L}{\omega I_L}$，$C = \dfrac{I_C}{\omega U_C}$。

【例 5 - 11】   如图 5 - 11（a）所示正弦交流电路，已知各并联支路电流表 Ⓐ₁ 示数为 15A，Ⓐ₂ 示数为 60A，Ⓐ₃ 示数为 40A。① 求电流表 Ⓐ 的示数；② 如果维持电流表 Ⓐ₁ 的示数不变，而把电路的频率提高一倍，再求其他表的示数。

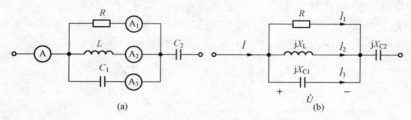

图 5 - 11   ［例 5 - 11］图

解   画出电路的相量模型，如图 5 - 11（b）所示。

（1）设并联部分两端电压相量为参考相量，即令 $\dot{U} = U\angle 0°\text{V}$。根据 KVL、VCR，得

$$\dot{I}_1 = \frac{\dot{U}}{R} = 15\angle 0° = 15\text{A}$$

$$\dot{I}_2 = \frac{\dot{U}}{jX_L} = \frac{\dot{U}}{j\omega L} = 60\angle -90° = -j60\text{A}$$

$$\dot{I}_3 = \frac{\dot{U}}{jX_C} = \frac{\dot{U}}{-j\frac{1}{\omega C}} = 40\angle 90° = j40\text{A}$$

根据 KCL，得

$$\dot{I} = \dot{I}_R + \dot{I}_L + \dot{I}_C = 15 - j20 = 25\angle -53.13°\text{A}$$

则电流表 Ⓐ 的示数为

$$I = 25\text{A}$$

（2）如果维持电流表 Ⓐ₁ 的示数不变，即 $I_1 = 15\text{A}$ 不变，而把电路的频率提高一倍，电阻 R 不受频率影响，端电压 $U = RI_1$ 不变，$\dot{U} = U\angle 0°\text{V}$ 仍然可以作为电路的参考相量；电感元件的感抗 $X_L = \omega L$、电容元件的容抗 $X_C = -\dfrac{1}{\omega C}$ 均受频率的影响，因此

$$\dot{I}_1' = \dot{I}_1 = \frac{\dot{U}}{R} = 15\angle 0° = 15\text{A}$$

$$\dot{I}_2' = \frac{\dot{U}}{j2\omega L} = \frac{1}{2}\dot{I}_2 = -j30\text{A}$$

$$\dot{I}_3' = \frac{\dot{U}}{-j\frac{1}{2\omega C}} = 2\dot{I}_3 = 80\angle 90° = j80\text{A}$$

所以

$$\dot{I}' = \dot{I}'_1 + \dot{I}'_2 + \dot{I}'_3 = 15 + j50 = 52.2\angle 73.3°A$$

则

$$I'_2 = 30A \,,\, I'_3 = 80A \,,\, I' = 52.2A$$

电流表的示数分别为 (A₂)：30A，(A₃)：80A，(A)：52.2A。

【解题指导与点评】 本题的考点是基本定律（KCL、KVL、VCR）的相量形式和相量模型。选择合适电压、电流相量作参考相量很重要。同一电路中所有电压、电流频率相同。当电路的频率发生改变时，电阻不受影响，而电感的感抗、电容的容抗均随频率发生变化，感抗与频率成正比，容抗与频率成反比，从而电感、电容的电压、电流有效值也相应发生变化。

【例 5 - 12】 如图 5 - 12 所示电路，求各支路电流。

解 根据 KVL 和 VCR，有

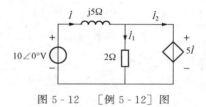

$$j5\dot{I} + 5\dot{I} = 10\angle 0°$$

$$\dot{I}_1 = \frac{5\dot{I}}{2} = 2.5\dot{I}$$

图 5 - 12　[例 5 - 12] 图

解得

$$\dot{I} = \sqrt{2}\angle -45°A \,,\, \dot{I}_1 = 2.5\sqrt{2}\angle -45°A$$

根据 KCL，得

$$\dot{I}_2 = \dot{I} - \dot{I}_1 = -1.5\sqrt{2}\angle -45° = 1.5\sqrt{2}\angle 135°A$$

【解题指导与点评】 本题的考点是基本定律（KCL、KVL、VCR）的相量形式。本题出现受控源，解题时将受控源先按独立源对待，然后解决受控源的控制量即可。

自测题

一、选择题

1. 关于感抗和容抗的大小与频率的关系的论述，正确的是（　　）。

A. 感抗和容抗都与频率成正比

B. 感抗和容抗都与频率成反比

C. 感抗与频率成反比，容抗与频率成正比

D. 感抗与频率成正比，容抗与频率成反比

2. 电感电压相位滞后其电流 90°，电容电流相位滞后其电压 90°，这个结论（　　）成立。

A. 根本不可能

B. 电容、电感为非线性元件时

C. 电感电流和电压，电容电流和电压为非关联参考方向时

D. 电感电流和电压，电容电流和电压为关联参考方向时

3. 若含 R、L 的线圈接到直流电压 12V 时电流为 2A，接到正弦电压 12V 时电流为 1.2A，则线圈的感抗 X_L 为（　　）。

A. 4Ω　　　　　　B. 8Ω　　　　　　C. 10Ω　　　　　　D. 不能确定

4. 正弦电流通过电感元件时，下列关系中错误的是（　　）。

A. $\dot{U}_\text{L}=\text{j}X_\text{L}\dot{I}$

B. $U=\omega LI$

C. $\dot{I}=-\text{j}\dfrac{\dot{U}}{\omega L}$

D. $u=\omega Li$

5. 正弦电流通过电容元件时，下列关系中错误的是（　　）。

A. $\dot{I}=\text{j}\omega C\dot{U}$

B. $I_\text{m}=\omega CU_\text{m}$

C. $\dot{I}=C\dfrac{\text{d}\dot{U}}{\text{d}t}$

D. $I=\omega CU$

6. 在题图 5-2 所示正弦稳态电路中，电流表 Ⓐ₁、Ⓐ₂、Ⓐ₃ 的示数分别为 3、10、6A，电流表 Ⓐ 的示数为（　　）。

A. 5A　　　　　　　B. 7A　　　　　　　C. 13A　　　　　　　D. 19A

7. 在题图 5-3 所示的正弦稳态电路中，电压表 Ⓥ₁、Ⓥ₂、Ⓥ₃ 的示数分别为 3、10、6V，电压表 Ⓥ 的示数为（　　）。

A. 5V　　　　　　　B. 7V　　　　　　　C. 13V　　　　　　　D. 19V

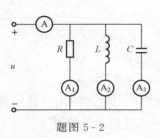

题图 5-2　　　　　　　　　　　　题图 5-3

8. 已知 RL 并联电路的电阻电流 $I_\text{R}=3\text{A}$，电感电流 $I_\text{L}=4\text{A}$，则该电路的端电流 I 为（　　）。

A. 1A　　　　　　　B. 7A　　　　　　　C. 5A　　　　　　　D. $\sqrt{7}$ A

9. 已知 RC 串联电路的电阻电压 $U_\text{R}=8\text{V}$，电容电压 $U_\text{C}=6\text{V}$，则该电路的端电压 U 为（　　）。

A. 8V　　　　　　　B. 10V　　　　　　　C. 14V　　　　　　　D. 12V

10. 在题图 5-4 所示电路中，下列关系式成立是（　　）。

A. $\dot{U}=(R+\text{j}\omega C)\dot{I}$

B. $\dot{U}=(R+\omega C)\dot{I}$

C. $\dot{U}=\left(R+\dfrac{1}{\text{j}\omega C}\right)\dot{I}$

D. $\dot{U}=\left(R-\dfrac{1}{\text{j}\omega C}\right)\dot{I}$

11. 在题图 5-5 所示正弦稳态电路中，若 $u_\text{s}=10\sin(2t-45°)\text{V}$，则电流 i 与电压 u_s 的相位关系是（　　）。

A. i 滞后 u_s 90°

B. i 超前 u_s 90°

C. i 滞后 u_s 45°

D. i 超前 u_s 45°

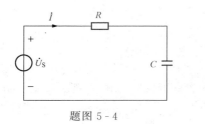

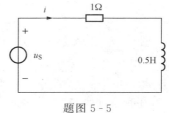

题图 5 - 4 题图 5 - 5

二、填空题

1. 若已知两个同频率正弦电压的相量分别为 $\dot{U}_{AB}=20+j50V$、$\dot{U}_{BC}=10+j20V$，则电压 $\dot{U}_{AC}=$ _____ V。

2. 两个同频率电流 i_1 和 i_2 的有效值均为 6A，若 i_1 超前 i_2，且 $i_{1+}i_2$ 的有效值为 6A，则 i_1 和 i_2 之间的相位差为 _____ 。

3. 在正弦稳态电路中，若设某电容元件两端的电压 u_C 与流过该电容的电流 i_C 为非关联参考方向，则 i_C 和 u_C 之间的相位差是 _____ 。

4. 在正弦稳态电路中，若设某电感元件两端的电压 u_L 与流过该电感的电流 i_L 为关联参考方向，则 i_L 和 u_L 之间的相位差是 _____ 。

5. 已知 RLC 串联电路的端电压 $U=5V$，电感电压 $U_L=3V$，电容电压 $U_C=6V$，则电阻电压 U_R 为 _____ V。

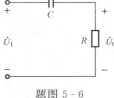

6. 已知 RLC 并联电路的端电流 $I=10A$，电阻电流 $I_R=8A$，电感电流 $I_L=1A$，则电容电流 I_C 为 _____ A。

7. 题图 5 - 6 所示电路中，已知 $\dot{U}_1=220\sqrt{2}\angle-15°V$，若电路频率增大，$U_1$ 不变，U_0 将 _____ 。

题图 5 - 6

三、判断题

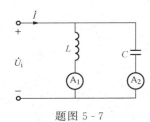

1. 如题图 5 - 7 所示电路中，若 $\dot{U}=U\angle0°V$，交流电流表 Ⓐ₁、Ⓐ₂ 示数分别为 3、4A，则 $\dot{I}=5\angle0°A$。（ ）

2. 正弦电压与其相量的关系可用下式表示：
$$u=\sqrt{2}U\cos(\omega t+\varphi_u)=Re\left[\sqrt{2}^{j\varphi_u}e^{j\varphi t}\right]=Re\left[\sqrt{2}\dot{U}e^{j\varphi t}\right]（ ）$$

题图 5 - 7

3. 两正弦电流 $i_1=6\sqrt{2}\cos(100t)A$，$i_2=8\sqrt{2}\cos(200t+90°)A$，电流相量分别是 $\dot{I}_1=6\angle0°A$，$\dot{I}_2=8\angle90°A$，则两电流和的相量是 $\dot{I}=\dot{I}_1+\dot{I}_2$。（ ）

4. 正弦电流电路中，频率越高则电感越大，而电容则越小。（ ）

5. 若正弦稳态电路某处电压为 $u=U_m\cos(200t+90°)V$，电流为 $i_1=I_m\sin(\omega t+45°)A$，则 i 滞后 $u75°$。（ ）

6. R、L 并联电路中，支路电流均为 4A，则电路总电流为 8A。（ ）

7. 两个无源元件串联在正弦电流电路中，若总电压小于其中一个元件的电压值，则其中必有一个为电感元件，另一个为电容元件。（ ）

8. 在正弦电流电路中，两元件串联后的总电压必大于分电压，两元件并联后的总电流

必大于分电流。（　　）

四、计算题

1. 在题图 5-8 所示部分电路中，已知 $i_{12}=10\cos(314t-30°)$A，$i_{23}=10\cos(314t-150°)$A，$i_{31}=10\cos(314t+90°)$A。试求 i_1、i_2 和 i_3。

2. RL 串联电路，在题图 5-9（a）直流情况下，直流电流表的读数为 0.03A，直流电压表的示数为 6V；在频率 $f=1000$Hz 的交流情况下，交流电压表 V_1 的示数为 6V，V_2 的示数为 12V，如题图 5-9（b）所示。试求 R 和 L 的值。

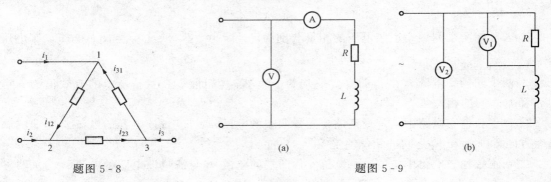

（a）　　　　　　　　　（b）

题图 5-8   题图 5-9

3. 如题图 5-10 所示正弦稳态电路，已知 $f=50$Hz，$R=10\Omega$，$U=U_1=U_2=220$V，试求 I、L 和 C 的值。

4. 如题图 5-11 所示电路，求 $\dot{I}$。

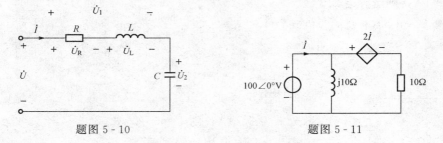

题图 5-10   题图 5-11

5. 如题图 5-12 所示电路，已知 $u=\cos(\omega t+75°)$V，$\omega=10^4$rad/s，$i=10\sqrt{2}\cos(\omega t+30°)$A，$R=10\Omega$，$L=5$mH。试求 i_L、i_C 的表达式。

6. 如题图 5-13 所示电路，$u_S=25\sqrt{2}\cos(10^6t-126.87°)$V，$R=3\Omega$，$C=0.2\mu$F，$u_C=20\sqrt{2}\cos(10^6t-90°)$V。求：（1）各支路电流；（2）如果元件 1 是无源元件，它是什么元件？

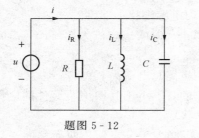 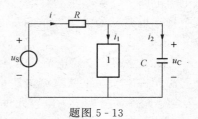

题图 5-12   题图 5-13

 习题精选

一、选择题

1. 题图 5-14 所示电路，$I_2 = 10A$，$U_S = 5\sqrt{2}V$，正弦量 u_S 与 i 的相位关系是（　　）。（北京化工大学 2003 年攻读硕士学位研究生入学考试试卷）

　　A. u_S 超前 $i45°$　　　B. u_S 与 i 同相　　　C. u_S 滞后 i　　　D. u_S 与 i 反相

2. 题图 5-15 电路中，$u_S = 200\sqrt{2}\cos\left(314t + \dfrac{\pi}{3}\right)V$，电流表的示数为 2A，电压表 Ⓥ₁、Ⓥ₂ 的示数均为 200V，则电感 L 为（　　）。（北京化工大学 2003 年攻读硕士学位研究生入学考试试卷电路原理样题）

　　A. 0.25H　　　B. 0.159H　　　C. 1.24H　　　D. 2.46H

3. 题图 5-16 所示电路，已知 $R = 10\Omega$，$X_L = 3\Omega$，电压有效值 $U = U_2$，则 X_C 等于（　　）。（东南大学 2003 年攻读硕士学位研究生入学考试试题）

　　A. -3Ω　　　B. -6Ω　　　C. -9Ω　　　D. 0Ω

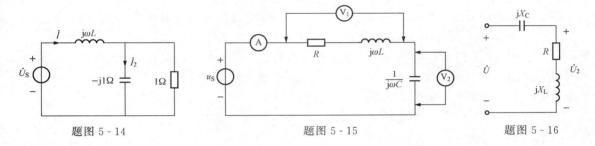

题图 5-14　　　　　　　　　　　题图 5-15　　　　　　　　　　　题图 5-16

二、填空题

1. 在题图 5-17 所示电路中，已知 $\dot{I}_1 = 10\angle 0°A$，安培表的示数为 10A，则可确定电压源 $\dot{U}_S$ 为 _____ V。（北京化工大学 2009 年攻读硕士学位研究生入学考试试题）

2. 题图 5-18 例示正弦稳态电路中，电压表 Ⓥ₁ 示数为 6V，Ⓥ₂ 示数为 12V，Ⓥ₃ 示数为 4V，则电压表 Ⓥ 示数应为 _____。试画出电压的相量图 _____。（河北工业大学 2005 年攻读硕士学位研究生入学考试试题）

　　相量图：_____

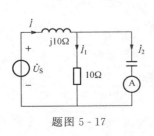

题图 5-17

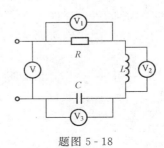

题图 5-18

3. 题图 5-19 所示正弦稳态相量模型中，已知 $\dot{I}_S=4\angle0°\mathrm{A}$，则电流 $\dot{I}$ 为_____。（北京化工大学 2008 年攻读硕士学位研究生入学考试试题）

4. 题图 5-20 所示电路中，已知 L、C 上的电压有效值分别为 100V 和 180V，则电压表的读数为_____V。（华南理工大学 2005 年攻读硕士学位研究生入学考试试题）

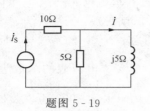

题图 5-19

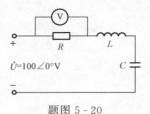

题图 5-20

5. 正弦交流电压为 $u=311\sin(314t+45°)\mathrm{V}$，其对应的有效值相量表达式为 $\dot{U}=$_____V。（华南理工大学 2006 年攻读硕士学位研究生入学考试试题）

6. 频率为 f 的正弦交流电流 $i=$_____A 对应的有效值相量 $\dot{I}=2\angle30°\mathrm{A}$。（华南理工大学 2006 年攻读硕士学位研究生入学考试试题）

7. 正弦电压 $u_1=220\sqrt{2}\sin(\omega t+30°)\mathrm{V}$，$u_2=220\sqrt{2}\sin(\omega t+150°)\mathrm{V}$ 之差的有效值为_____V。（华南理工大学 2008 年攻读硕士学位研究生入学考试试题）

8. 题图 5-21 所示正弦稳态电路中，开关 S 打开和闭合时，电流表的读数不变，已知电源 $u_S(t)$ 的频率 $f=50\mathrm{Hz}$，电容 $C=0.5\mu\mathrm{F}$，求电感 $L=$_____。（华南理工大学 2009 年攻读硕士学位研究生入学考试试题）

9. 题图 5-22 所示电路中，已知 $R_1=R_2=2\Omega$，$L_1=L_2=2\mathrm{mH}$，电压 $u_{12}(t)=10\sqrt{2}\cos(100t)\mathrm{V}$，则电压源 $u_S(t)$ _____V。（华南理工大学 2011 年攻读硕士学位研究生入学考试试题）

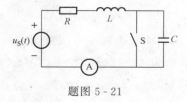

题图 5-21

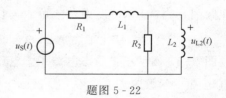

题图 5-22

三、判断题

1. 耐压值为 300V 的电容器能够在有效值为 220V 的正弦交流电压下安全工作。（   ）（重庆大学 2012 年攻读硕士学位研究生入学考试试题）

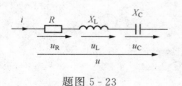

题图 5-23

2. 题图 5-23 所示为正弦电路，试判断下列表达式的对错，对者标"√"，错者标"×"。（山东工业大学 1993 年攻读硕士学位研究生入学考试试题）

①$u_R=Ri$，$U_R=RI$，$\dot{U}_R=R\dot{I}$（   ）

②$u_L=X_Li$，$U_L=X_LI$，$\dot{U}_L=\mathrm{j}X_L\dot{I}$（   ）

③$u_C = X_L i$, $U_C = X_C I$, $\dot{U}_C = -jX_C \dot{I}$ （　　）

④$u = u_R + u_L + u_C$, $U = U_R + U_L - U_C$, $\dot{U} = \dot{U}_R + \dot{U}_L + \dot{U}_C$ （　　）

四、计算题

1. 题图 5-24 中，已知 $\dot{U}_L = 2\angle 0°A$，$\omega = 2\text{rad/s}$，求 $\dot{U}_C$ 与 $\dot{U}_L$ 的相位差 $\theta = ?$（北京理工大学 1991 年攻读硕士学位研究生入学考试试题）

2. 已知题图 5-25 所示电路中，$U = 210\text{V}$，$I = 3\text{A}$，且 $\dot{I}$ 与 $\dot{U}$ 同相。又知 $X_C = -15\Omega$，求 R_2 及 X_L。（哈尔滨工业大学 1992 年攻读硕士学位研究生入学考试试题）

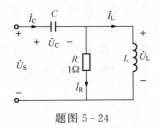

题图 5-24

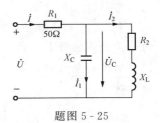

题图 5-25

第六章　正弦稳态电路的分析

重点： 阻抗、导纳的概念及性质，正弦稳态电路的相量法分析，正弦稳态电路的有功功率及最大功率传输，谐振、品质因数、通频带的概念，串、并联谐振的条件、特点等。

难点： 正弦稳态电路的功率及功率因数的提高，谐振电路的分析计算。

要求： 深刻理解阻抗、导纳的概念和性质；熟练掌握正弦稳态电路的相量法分析，相量法分析把握住"线性电路""正弦激励""稳定工作状态"和"频率相同"几个方面；熟练掌握正弦稳态电路的平均功率的计算、最大功率传输中共轭匹配条件和最大功率的计算，能够计算无功功率、视在功率和复功率；理解电路谐振的定义，熟练掌握串联谐振、并联谐振电路的谐振条件、谐振特点。

课题一　阻　抗　和　导　纳

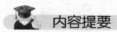 **内容提要**

1　阻抗和导纳的定义

如图 6-1（a）所示，N_0 是由线性电阻、电感、电容或受控源等元件组成的无源一端口（二端网络），在端口电压 $\dot{U}$、电流 $\dot{I}$ 取关联参考方向时，一端口 N_0 的阻抗 Z、导纳 Y 定义如下：

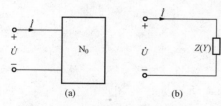

图 6-1　无源一端口 N_0 的阻抗（导纳）
(a) 无源一端口 N_0；(b) N_0 的阻抗（导纳）

$$Z = \frac{\dot{U}}{\dot{I}} = \frac{U\angle\varphi_u}{I\angle\varphi_i} = \frac{U}{I}\angle(\varphi_u - \varphi_i)$$

$$= |Z|\angle\varphi_Z = R + jX$$

$$Y = \frac{\dot{I}}{\dot{U}} = \frac{I\angle\varphi_i}{I\angle\varphi_u} = \frac{I}{U}\angle(\varphi_i - \varphi_u)$$

$$= |Y|\angle\varphi_Y = G + jB$$

阻抗 Z、导纳 Y 互为倒数，均是复数，而非相量，其幅角主值范围均为 $-180° \sim 180°$，且满足

$$\left.\begin{array}{r} |Y||Z| = 1 \\ \varphi_Y + \varphi_Z = 0 \end{array}\right\}$$

单个无源元件 R、L、C 的阻抗、导纳情况见表 6-1。

表 6 - 1　　　　　　　　　　　　**R、L、C 元件的阻抗、导纳**

元件	阻 抗			导 纳		
	Z	$\lvert Z \rvert$	φ_Z	Y	$\lvert Y \rvert$	φ_Y
R	R	R	$0°$	G	G	$0°$
L	$j\omega L = jX_L$	$\omega L = X_L$	$90°$	$\dfrac{1}{j\omega L} = jB_L$	$\dfrac{1}{\omega L} = -B_L$	$-90°$
C	$\dfrac{1}{j\omega C} = jX_C$	$\dfrac{1}{\omega C} = -X_C$	$-90°$	$j\omega C = jB_C$	$\omega C = B_C$	$90°$

阻抗和导纳反映了无源一端口电压 $\dot{U}$、电流 $\dot{I}$ 的模值及相位关系，一般情况下，阻抗和导纳随电源频率变化。$X_L = \omega L$ 称为感抗，$X_C = -\dfrac{1}{\omega C}$ 称为容抗，$B_L = -\dfrac{1}{\omega L}$ 称为感纳，$B_C = \omega C$ 称为容纳，均与频率 ω 有关系。

串联电路中的电压、电流和阻抗见表 6 - 2。

表 6 - 2　　　　　　　　　　　　**串联电路中的电压、电流和阻抗**

		RL 串联电路	RC 串联电路	RLC 串联电路
阻抗 Z	模 $\lvert Z \rvert$	$\lvert Z \rvert = \sqrt{R^2 + X_L^2}$	$\lvert Z \rvert = \sqrt{R^2 + X_C^2}$	$\lvert Z \rvert = \sqrt{R^2 + (X_L + X_C)^2}$
	阻抗角 φ_Z	$\varphi_Z = \arctan\dfrac{X_L}{R}$ $0 < \varphi_Z < \dfrac{\pi}{2}$	$\varphi_Z = \arctan\dfrac{X_C}{R}$ $-\dfrac{\pi}{2} < \varphi_Z < 0$	$\varphi_Z = \arctan\dfrac{X_L + X_C}{R}$ $X_L > \lvert X_C \rvert,\ 0 < \varphi_Z < \dfrac{\pi}{2}$ $X_L < \lvert X_C \rvert,\ -\dfrac{\pi}{2} < \varphi_Z < 0$ $X_L = \lvert X_C \rvert,\ \varphi_Z = 0$
电压有效值关系		$U = \sqrt{U_R^2 + U_L^2}$	$U = \sqrt{U_R^2 + U_C^2}$	$U = \sqrt{U_R^2 + (U_L - U_C)^2}$
电流、电压有效值关系		$I = \dfrac{U}{\lvert Z \rvert}$	$I = \dfrac{U}{\lvert Z \rvert}$	$I = \dfrac{U}{\lvert Z \rvert}$

并联电路中的电压、电流和导纳见表 6 - 3。

表 6 - 3　　　　　　　　　　　　**并联电路中的电压、电流和导纳**

		RL 并联电路	RC 并联电路	RLC 并联电路
导纳 Y	模 $\lvert Y \rvert$	$\lvert Y \rvert = \sqrt{G^2 + B_L^2}$	$\lvert Y \rvert = \sqrt{G^2 + B_C^2}$	$\lvert Y \rvert = \sqrt{G^2 + (B_L + B_C)^2}$
	导纳角 φ_Y	$\varphi_Y = \arctan\dfrac{B_L}{G}$ $-\dfrac{\pi}{2} < \varphi_Y < 0$	$\varphi_Y = \arctan\dfrac{B_C}{G}$ $0 < \varphi_Y < \dfrac{\pi}{2}$	$\varphi_Y = \arctan\dfrac{B_L + B_C}{G}$ $\lvert B_L \rvert > B_C,\ 0 < \varphi_Y < \dfrac{\pi}{2}$ $\lvert B_L \rvert < B_C,\ -\dfrac{\pi}{2} < \varphi_Y < 0$ $\lvert B_L \rvert = B_C,\ \varphi_Y = 0$
电流有效值关系		$I = \sqrt{I_G^2 + I_L^2}$	$I = \sqrt{I_G^2 + I_C^2}$	$U = \sqrt{I_G^2 + (I_L - I_C)^2}$
电流、电压有效值关系		$U = \lvert Y \rvert I$	$U = \lvert Y \rvert I$	$U = \lvert Y \rvert I$

2 无源一端口 N_0 的电路性质

一个无源一端口 N_0 可等效为一个阻抗或导纳，并根据电抗 X 或电纳 B（阻抗角 φ_Z 或导纳角 φ_Y）的数值判定电路的性质。

当 $X>0$ 或 $B<0$ 时，$\dot{U}$ 超前 $\dot{I}$，称感性一端口，电路性质为感性，此时 $\varphi_Z>0$，而 $\varphi_Y<0$；当 $X<0$ 或 $B>0$ 时，$\dot{U}$ 滞后 $\dot{I}$，称容性一端口，电路性质为容性，此时 $\varphi_Z<0$，而 $\varphi_Y>0$；当 $X=0$ 或 $B=0$ 时，$\dot{U}$ 与 $\dot{I}$ 同相，称阻性一端口，电路性质为电阻性，此时 $\varphi_Z=\varphi_Y=0$。

3 阻抗和导纳的等效变换

（1）等效电路。无源一端口 N_0 有串联和并联两种等效电路，用一个电阻元件和一个电抗元件的串联等效表示阻抗 Z，如图 6-2（a）所示；用一个电导元件和一个电纳元件的并联等效表示导纳 Y，如图 6-2（b）所示。

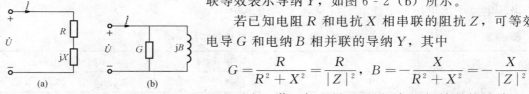

图 6-2 无源一端口 N_0 的等效电路

若已知电阻 R 和电抗 X 相串联的阻抗 Z，可等效为电导 G 和电纳 B 相并联的导纳 Y，其中

$$G=\frac{R}{R^2+X^2}=\frac{R}{|Z|^2}, \quad B=-\frac{X}{R^2+X^2}=-\frac{X}{|Z|^2}$$

反之，若已知电导 G 和电纳 B 相并联的导纳 Y，可等效为电阻 R 和电抗 X 相串联的阻抗 Z，其中

$$R=\frac{G}{G^2+B^2}=\frac{G}{|Y|^2}, \quad X=-\frac{B}{G^2+B^2}=-\frac{B}{|Y|^2}$$

（2）阻抗（导纳）的串、并联以及 Y—△ 等效变换。当 n 个阻抗串联时，可以用一个等效阻抗来替代，等效阻抗为

$$Z_{eq}=Z_1+Z_2+\cdots+Z_n$$

第 k 个阻抗 Z_k 的分压

$$\dot{U}_k=\frac{Z_k}{Z_{eq}}\dot{U} \quad (k=1, 2, \cdots, n)$$

当 n 个导纳并联时，可以用一个等效导纳来替代，等效导纳为

$$Y_{eq}=Y_1+Y_2+\cdots+Y_n$$

第 k 个导纳 Y_k 的分流

$$\dot{I}_k=\frac{Y_k}{Y_{eq}}\dot{I} \quad (k=1, 2, \cdots, n)$$

如果是两个阻抗 Z_1、Z_2 并联，则等效阻抗

$$Z_{eq}=\frac{1}{\dfrac{1}{Z_1}+\dfrac{1}{Z_2}}=\frac{Z_1 Z_2}{Z_1+Z_2}$$

若已知三个阻抗为 Y 联结，在等效为△联结时，等效电路中三个阻抗的计算依据如下公式

$$△\ 阻抗 = \frac{Y\ 阻抗两两乘积之和}{Y\ 不相邻阻抗}$$

若已知三个阻抗构成△联结，在等效为 Y 联结时，等效电路中三个阻抗的计算可依据如下公式

$$Y\ 阻抗 = \frac{\triangle\ 相邻阻抗的乘积}{\triangle\ 阻抗之和}$$

4　一端口等效阻抗、导纳的计算

（1）含源一端口 N_S 求等效阻抗，可以使用开路电压、短路电流法，当 $\dot{I}_{SC}$ 和 $\dot{U}_{OC}$ 的参考方向一致时，有

$$Z_{eq} = \frac{\dot{U}_{OC}}{\dot{I}_{SC}}$$

（2）含源一端口 N_S 变为无源一端口 N_0，独立源"置零"，即电压源"短路"，电流源"开路"，然后使用（3）。

（3）无源一端口 N_0 是否含有受控源，计算等效阻抗或导纳的方法不同。

情况一：无源一端口 N_0 不含受控源，直接使用阻抗或导纳的串、并联，Y—△等效变换等方法；情况二：无源一端口 N_0 含有受控源，使用外加电源法（加压求流法、加流求压法），求输入阻抗（等效阻抗），当外加电源的 $\dot{U}$ 和 $\dot{I}$ 为非关联参考方向时，有

$$Z_{in} = \frac{\dot{U}}{\dot{I}} = Z_{eq}$$

典型例题

【例 6 - 1】　如图 6 - 3（a）所示电路，$\omega = 10^3\,\text{rad/s}$。①求电路的 Z_{eq}、Y_{eq}；②判断电路的性质，画出串联等效电路，并求出各参数。

解　电路属于混联。

（1）等效阻抗

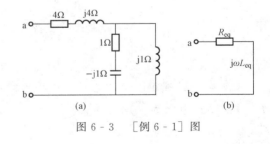

图 6 - 3　［例 6 - 1］图

$$Z_{eq} = 4 + j4 + \frac{(1-j1)(j1)}{(1-j1)+(j1)} = 5 + j5$$
$$= 5\sqrt{2}\angle 45°\,\Omega$$

等效导纳

$$Y_{eq} = \frac{1}{Z_{eq}} = \frac{1}{5+j5} = \frac{1}{10} - j\frac{1}{10}\,\text{S}$$

（2）因为 Z_{eq} 的虚部 $X_{eq} = 5\,\Omega > 0$（或者阻抗角 $\varphi_{eq} = 45° > 0$），所以电路呈现感性。画出串联等效电路，如图 6 - 3（b）所示。其参数

$$R_{eq} = 5\,\Omega$$
$$L_{eq} = \frac{X_{eq}}{\omega} = \frac{5}{10^3} = 5\,\text{mH}$$

【解题指导与点评】　本题的考点是等效阻抗（导纳）的计算及其等效电路。电路性质可以通过电抗判断，若 $X_{eq} > 0$，则电路呈现感性，也可以通过阻抗角判断，若 $\varphi_Z > 0$，则电路亦呈现感性。阻抗角 φ_Z 同时也是电压、电流的相位差。阻抗与导纳互为倒数关系，两者

可以相互转换，其转换关系为 $G = \dfrac{R}{|Z|^2}$，$B = -\dfrac{X}{|Z|^2}$，$R = \dfrac{G}{|Y|^2}$，$X = -\dfrac{B}{|Y|^2}$。一般情况下，$G \neq \dfrac{1}{R}$，$B \neq \dfrac{1}{X}$。计算等效电路的参数时，串联等效电路中，感性（容性）阻抗的参数是 R_{eq} 和 $L_{eq} = \dfrac{X_{eq}}{\omega}\left(C_{eq} = -\dfrac{1}{\omega X_{eq}}\right)$；并联等效电路中，感性（容性）阻抗的参数是 G_{eq} 和 $L_{eq} = -\dfrac{1}{\omega B_{eq}}\left(C_{eq} = \dfrac{B_{eq}}{\omega}\right)$。

【例 6 - 2】 求图 6 - 4 （a）所示电路的等效阻抗 Z_{eq}。

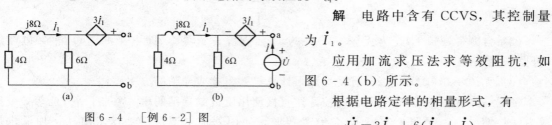

图 6 - 4　　[例 6 - 2] 图

解　电路中含有 CCVS，其控制量为 $\dot{I}_1$。

应用加流求压法求等效阻抗，如图 6 - 4 （b）所示。

根据电路定律的相量形式，有

$$\begin{cases} \dot{U} = 3\dot{I}_1 + 6(\dot{I}_1 + \dot{I}) \\ 6(\dot{I}_1 + \dot{I}) + (4 + j8)\dot{I}_1 = 0 \end{cases}$$

联立方程，解得

$$\dot{U} = (11.4 - j7.2)\dot{I}$$

所以，等效阻抗

$$Z_{eq} = \frac{\dot{U}}{\dot{I}} = 11.4 - j7.2\,\Omega$$

【解题指导与点评】　本题的考点是一端口等效阻抗的求解。本题无源一端口含有 CCVS，使用外加电源法求解，注意外加电源的电压、电流为非关联参考方向时，才可以使用 $Z_{in} = \dfrac{\dot{U}}{\dot{I}} = Z_{eq}$。无论何种形式的受控源，在电路中首先将其当作独立源对待，然后想办法解决其控制量。本题控制量 $\dot{I}_1$ 作为中间变量在解方程过程中消掉了。

【例 6 - 3】　在图 6 - 5 （a）所示正弦稳态电路中，已知各交流电表的示数分别为：电流表Ⓐ，2A；电压表Ⓥ₁，17V；Ⓥ₂，10V。试求电压表Ⓥ的示数。

解　画出电路的相量模型，如图 6 - 5 （b）所示。

设 $\dot{I} = 2\angle 0° A$，则

$$\dot{U}_1 = (4 + j\omega L)\dot{I} = 8\angle 0° + U_L\angle 90° = 8 + jU_L\,V$$

$$\dot{U}_2 = \left(3 + \frac{1}{j\omega C}\right)\dot{I} = 6\angle 0° + U_C\angle -90°$$
$$= 6 - jU_C\,V$$

而

$$U_1 = \sqrt{8^2 + U_L^2} = 17V, \qquad U_2 = \sqrt{6^2 + U_C^2} = 10V$$

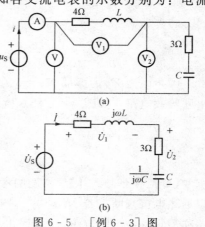

图 6 - 5　　[例 6 - 3] 图

解得

$$U_{\mathrm{L}} = \sqrt{17^2 - 8^2} = 15\mathrm{V}, \qquad U_{\mathrm{C}} = \sqrt{10^2 + 6^2} = 8\mathrm{V}$$

所以

$$\dot{U}_{\mathrm{S}} = \dot{U}_1 + \dot{U}_2 = 8 + \mathrm{j}15 + 6 - \mathrm{j}8 = 14 + \mathrm{j}7\mathrm{V}$$

电压表 Ⓥ 的示数为

$$U_{\mathrm{S}} = \sqrt{14^2 + 7^2} = 7\sqrt{5} \approx 15.65\mathrm{V}$$

【解题指导与点评】　本题的考点是阻抗串联计算，电阻与电抗元件串联，两个分电压相位差±90°，总电压、分电压之间构成一个电压三角形。回路 KVL 方程应用时指的是相量关系，而非有效值，例如本题 $U_{\mathrm{S}} \neq U_1 + U_2$。

自测题

一、选择题

1. 题图 6-1 所示 N 为二端网络，u 与 i 的相位差 $\varphi = \varphi_u - \varphi_i$ 可以决定网络 N 的性质。下列结论中错误的是（　　）。

A. φ 在 $-90° \sim 0°$ 时为感性网络

B. φ 在 $-90° \sim 0°$ 时为容性网络

C. $|\varphi| > 90°$ 时为有源网络

D. $\varphi = 0$ 时网络中只有电阻

2. 题图 6-1 所示 N 为无源网络，$u = 5\cos(t + 60°)\mathrm{V}$，$i = 2\cos(t + 150°)\mathrm{A}$，则该网络的性质是（　　）。

A. 纯阻性　　　　B. 纯感性　　　　C. 纯容性　　　　D. 无法判断

3. 已知电路如题图 6-2 所示，Z 可能是电阻、电感或电容。若 $\dot{I}$ 滞后 $\dot{U}$ 45°，则 Z 是（　　）。

A. 电阻　　　　B. 电感　　　　C. 电容　　　　D. 电感或电容

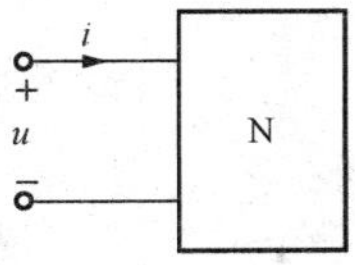

题图 6-1

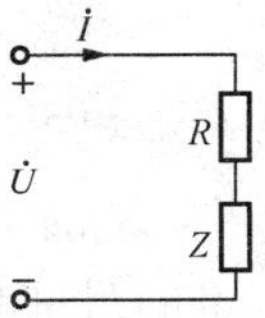

题图 6-2

4. 在 RLC 并联电路中，若 $X_{\mathrm{L}} > |X_{\mathrm{C}}|$，端口处总电流与端电压取关联参考方向，则总电流相位比电压（　　）。

A. 滞后　　　　B. 超前　　　　C. 同相　　　　D. 不能确定

5. 已知电路如题图 6-3 所示，$i_{\mathrm{S}} = 2\cos(5t)\mathrm{A}$，电容 C 可调。若电容 C 增大，则交流电压表的读数（　　）。

A. 增加　　　　B. 减小　　　　C. 不变　　　　D. 无法确定

6. 题图 6 - 4 所示电路中 $\dot{U}$ 保持不变，当开关 S 闭合时电流表读数将（　　）。

A. 增加　　　　　　　B. 不变　　　　　　　C. 有些减少　　　　　　D. 减至零

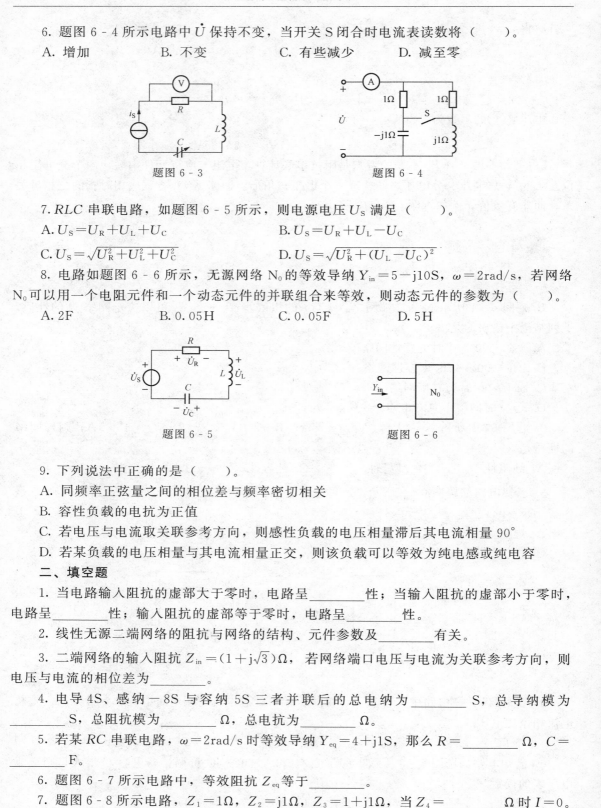

题图 6 - 3　　　　　　　　　　　　　　　　题图 6 - 4

7. RLC 串联电路，如题图 6 - 5 所示，则电源电压 U_S 满足（　　）。

A. $U_S = U_R + U_L + U_C$

B. $U_S = U_R + U_L - U_C$

C. $U_S = \sqrt{U_R^2 + U_L^2 + U_C^2}$

D. $U_S = \sqrt{U_R^2 + (U_L - U_C)^2}$

8. 电路如题图 6 - 6 所示，无源网络 N_0 的等效导纳 $Y_{in} = 5 - j10S$，$\omega = 2rad/s$，若网络 N_0 可以用一个电阻元件和一个动态元件的并联组合来等效，则动态元件的参数为（　　）。

A. 2F　　　　　　　　B. 0.05H　　　　　　　C. 0.05F　　　　　　　D. 5H

题图 6 - 5　　　　　　　　　　　　　　　　题图 6 - 6

9. 下列说法中正确的是（　　）。

A. 同频率正弦量之间的相位差与频率密切相关

B. 容性负载的电抗为正值

C. 若电压与电流取关联参考方向，则感性负载的电压相量滞后其电流相量 90°

D. 若某负载的电压相量与其电流相量正交，则该负载可以等效为纯电感或纯电容

二、填空题

1. 当电路输入阻抗的虚部大于零时，电路呈_____性；当输入阻抗的虚部小于零时，电路呈_____性；输入阻抗的虚部等于零时，电路呈_____性。

2. 线性无源二端网络的阻抗与网络的结构、元件参数及_____有关。

3. 二端网络的输入阻抗 $Z_{in} = (1 + j\sqrt{3})\Omega$，若网络端口电压与电流为关联参考方向，则电压与电流的相位差为_____。

4. 电导 4S、感纳 -8S 与容纳 5S 三者并联后的总电纳为_____S，总导纳模为_____S，总阻抗模为_____Ω，总电抗为_____Ω。

5. 若某 RC 串联电路，$\omega = 2rad/s$ 时等效导纳 $Y_{eq} = 4 + j1S$，那么 $R = $_____Ω，$C = $_____F。

6. 题图 6 - 7 所示电路中，等效阻抗 Z_{eq} 等于_____。

7. 题图 6 - 8 所示电路，$Z_1 = 1\Omega$，$Z_2 = j1\Omega$，$Z_3 = 1 + j1\Omega$，当 $Z_4 = $_____Ω 时 $I = 0$。

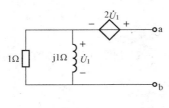

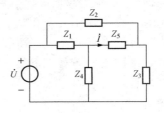

题图 6 - 7　　　　　　　　　　　　题图 6 - 8

8. 电路如题图 6 - 9 所示，各支路电流 $\dot{I}_1 =$ _____ A，$\dot{I}_2 =$ _____ A，$\dot{I} =$ _____ A。

9. 如题图 6 - 10 所示电路，已知端口处电压 $u = 90\cos(\omega t + 140°)$ V，电流 $i = 3\cos(\omega t - 10°)$ A，则无源网络的阻抗模 $|Z| =$ _____ ，阻抗角 $\varphi =$ _____。

10. 如题图 6 - 11 所示网络中，$\dot{U}_2$ 与 $\dot{U}_1$ 的相位关系为 _____ 。

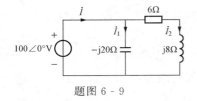
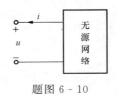
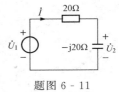

题图 6 - 9　　　　　　　　　题图 6 - 10　　　　　　　　题图 6 - 11

三、判断题

1. 已知：阻抗 $Z = 10 + j10\,\Omega$，它的导纳 $Y = 0.1 + j0.1$ S。　　　　　　（　　）

2. 在频率 f_1 时，对 RL 串联电路求出的阻抗与在频率 f_2 时求出的阻抗相同。　（　　）

3. 在 RLC 串联电路中，当 $X_L > |X_C|$ 时电路呈电感性，即电流总是滞后于总电压。

　　　　　　　　　　　　　　　　　　　　　　　　　　　　　　　　（　　）

4. 若某阻抗的电流 $i = I_m\cos(\omega t + 30°)$ A，电压 $u = U_m\cos(\omega t + 60°)$ V，且电流、电压为关联参考方向，则该阻抗呈感性。　　　　　　　　　　　　　　　　（　　）

5. 如题图 6 - 12 所示电路中，若电压表的读数 $U_2 > U_1$，则 Z_x 必为容性。　（　　）

6. 如题图 6 - 13 所示正弦稳态电路中，若 $Z = j5\,\Omega$、$\dot{I} = 3$ A，则电压可表达为 $\dot{U} = j5 \times 3 = 15\sqrt{2}\cos(\omega t + 90°)$ V。　　　　　　　　　　　　　　　　　　（　　）

7. 直流电路中，电容元件的容抗为零，相当于短路；电感元件的感抗为无限大，相当于开路。　　　　　　　　　　　　　　　　　　　　　　　　　　　　　（　　）

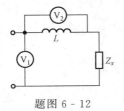

题图 6 - 12　　　　　　　　　　题图 6 - 13

8. 电容元件某一时刻的电流与该时刻的电压大小成正比。　　　　　　　　（　　）

9. 电容元件的电流为零时，电容两端的电压也一定为零。   （   ）

10. 当电感元件的电压 u 与电流 i 为关联参考方向时，有 $u = \mathrm{j}\omega L i$。   （   ）

11. 若电压 u 的相位比电流 i 超前 $60°$，则 i 比 u 滞后 $60°$。   （   ）

12. 若某二端网络的等效阻抗 $Z = 3\angle -60°\,\Omega$，这说明该网络呈容性，电流超前电压（关联参考方向下）。   （   ）

四、计算题

1. 如题图 6 - 14 所示电路，求等效阻抗 Z_{eq}。

2. 题图 6 - 15 所示两电路中，已知 $\dot{U} = 10\sqrt{2}\angle 90°\,\mathrm{V}$，$\dot{I} = 1\angle 45°\,\mathrm{A}$，$Z_1 = 7 + \mathrm{j}9\,\Omega$，求 Z_2。

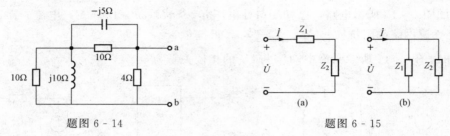

题图 6 - 14   题图 6 - 15

3. 题图 6 - 16 所示电路中，$Z_1 = 1 + \mathrm{j}2\,\Omega$，求电路的等效阻抗 Z_{eq}。

4. 题图 6 - 17 所示正弦稳态电路中，已知 $R_1 = X_1 = X_2 = 10\,\Omega$，求当 R_2 为何值时，$\dot{U}$ 与 $\dot{I}_2$ 的相位差为 $90°$。此时电路等效阻抗 Z_{eq} 为多少？

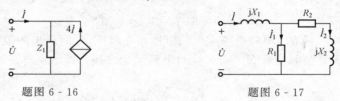

题图 6 - 16   题图 6 - 17

5. 题图 6 - 18 所示正弦稳态电路中，已知 $U = 100\,\mathrm{V}$，$U_{\mathrm{C}} = 100\sqrt{3}\,\mathrm{V}$，$X_{\mathrm{C}} = -100\sqrt{3}\,\Omega$，阻抗 Z_x 的阻抗角 $|\varphi| = 60°$，求 Z_x 的值及电路的输入阻抗 Z_{in}。

6. 题图 6 - 19 所示电路中的电压源为正弦量，$L = 1\,\mathrm{mH}$，$R_0 = 1\,\mathrm{k}\Omega$，$Z = 3 + \mathrm{j}5\,\Omega$。试求：①当 $I = 0$ 时，C 值为多少？②当条件①满足时，试证明输入阻抗为 R_0。

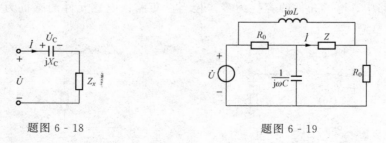

题图 6 - 18   题图 6 - 19

课题二　正弦稳态电路的分析

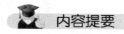 内容提要

正弦稳态电路的分析类似于直流电阻电路的分析。

运用相量和相量模型来分析正弦稳态电路的方法称为相量法。其具体分析步骤如下：

（1）画出时域电路的相量模型。

（2）必要时采用等效变换方法简化相量模型。

（3）选择一种适当的求解方法，列出电路的相量方程，如网孔电流法、回路电流法、节点电压法，以及叠加定理、戴维南定理、电源模型等效变换等。

（4）解方程，求得所需的电流或电压相量。

（5）必要时，将求得的电流、电压相量表示为瞬时值表达式。

借助于相量图分析正弦稳态电路的方法称为相量图辅助分析法。

典型例题

【例 6 - 4】　在图 6 - 6（a）所示正弦稳态电路中，已知 $u_S = \sqrt{2}\cos(2t)$ V，$i_S = \sqrt{2}\cos(2t)$ A。试用回路电流法求电容电压 u_C。

解　画出原电路的相量模型，如图 6 - 6（b）所示。

$$\dot{U}_S = 1\angle 0°\text{V}, \qquad \dot{I}_S = 1\angle 0°\text{A}$$

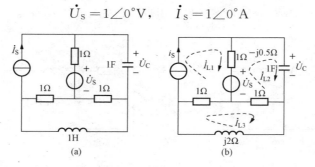

图 6 - 6　［例 6 - 4］图

选定网孔作为回路，设回路电流方向均为顺时针。则回路电流方程为

$$\begin{cases} \dot{I}_{L1} = \dot{I}_S \\ -\dot{I}_{L1} + (1 + 1 - j0.5)\dot{I}_{L2} - \dot{I}_{L3} = \dot{U}_S \\ -\dot{I}_{L1} - \dot{I}_{L2} + (1 + 1 + j2)\dot{I}_{L3} = 0 \end{cases}$$

代入已知数据，得

$$\begin{cases} \dot{I}_{L1} = 1\angle 0° \\ -\dot{I}_{L1} + (2-j0.5)\dot{I}_{L2} - \dot{I}_{L3} = 1\angle 0° \\ -\dot{I}_{L1} - \dot{I}_{L2} + (2+j2)\dot{I}_{L3} = 0 \end{cases}$$

整理方程为

$$\begin{cases} (2-j0.5)\dot{I}_{L2} - \dot{I}_{L3} = 2 \\ -\dot{I}_{L2} + (2+j2)\dot{I}_{L3} = 1 \end{cases}$$

解得

$$\dot{I}_{L2} = 1.28\angle 1.79° \text{A}$$

则电容电压

$$\dot{U}_C = -j0.5\dot{I}_{L2} = 0.64\angle -88.21° \text{V}$$

$$u_C = 0.64\sqrt{2}\cos(2t - 88.21°)\text{V}$$

【解题指导与点评】　直流电路中适用的回路电流法（网孔电流法）可以推广应用于正弦稳态电路分析。回路电流法方程的一般形式为

$$\begin{cases} Z_{11}\dot{I}_{L1} + Z_{12}\dot{I}_{L2} + Z_{13}\dot{I}_{L3} + \cdots + Z_{1l}\dot{I}_{Ll} = \dot{U}_{S11} \\ Z_{21}\dot{I}_{L1} + Z_{22}\dot{I}_{L2} + Z_{23}\dot{I}_{L3} + \cdots + Z_{2l}\dot{I}_{Ll} = \dot{U}_{S22} \\ \qquad\qquad\qquad\qquad\qquad\vdots \\ Z_{l1}\dot{I}_{L1} + Z_{l2}\dot{I}_{L2} + Z_{l3}\dot{I}_{L3} + \cdots + Z_{ll}\dot{I}_{Ll} = \dot{U}_{Sll} \end{cases}$$

当回路中有无伴电流源，且无伴电流源只属于一个回路时，直接列写无伴电流源电流与回路电流的关系方程，从而代替该回路的 KVL 方程。

【例 6-5】　如图 6-7（a）所示正弦稳态电路，已知 $u_S = 20\sqrt{2}\cos(2t)\text{V}$，用节点电压法求电流 i_1。

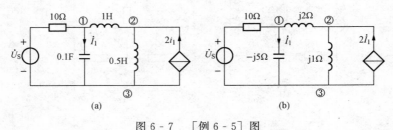

(a)　　　　　　　　　　　　　(b)

图 6-7　［例 6-5］图

解　画出原电路的相量模型，如图 6-7（b）所示。

$$\dot{U}_S = 20\angle 0° \text{V}$$

选择③为参考节点，列写节点电压方程为

$$\begin{cases} \left(\dfrac{1}{10} + \dfrac{1}{-j5} + \dfrac{1}{j2} \right)\dot{U}_{n1} - \dfrac{1}{j2}\dot{U}_{n2} = \dfrac{\dot{U}_S}{10} \\ -\dfrac{1}{j2}\dot{U}_{n1} + \left(\dfrac{1}{j2} + \dfrac{1}{j1} \right)\dot{U}_{n2} = 2\dot{I}_1 \end{cases}$$

增补方程

$$\dot{I}_1 = \frac{\dot{U}_{n1}}{-j5}$$

整理方程为

$$
\begin{cases}
(1-j3)\dot{U}_{n1} + j5\dot{U}_{n2} = 20 \\
j1\dot{U}_{n1} - j15\dot{U}_{n2} = 0
\end{cases}
$$

解得

$$\dot{U}_{n1} = 7.02\angle 69.44°V, \quad \dot{U}_{n2} = 0.47\angle 69.44°V$$

则电流

$$\dot{I}_1 = \frac{\dot{U}_{n1}}{-j5} = 1.40\angle 159.44°A$$

$$i_1 = 1.40\sqrt{2}\cos(2t + 159.44°)A$$

【解题指导与点评】　直流电路中适用的节点电压法可以推广应用于正弦稳态电路分析，方程的一般形式为

$$
\begin{cases}
Y_{11}\dot{U}_{n1} + Y_{12}\dot{U}_{n1} + Y_{13}\dot{U}_{n1} + \cdots + Y_{1(n-1)}\dot{U}_{n(n-1)} = \dot{I}_{S11} \\
Y_{21}\dot{U}_{n1} + Y_{22}\dot{U}_{n2} + Y_{23}\dot{U}_{n3} + \cdots + Y_{2(n-1)}\dot{U}_{n(n-1)} = \dot{I}_{S22} \\
\qquad\qquad\qquad\vdots \\
Y_{(n-1)1}\dot{U}_{n1} + Y_{(n-1)2}\dot{U}_{n2} + Y_{(n-1)3}U_{n3} + \cdots + Y_{(n-1)(n-1)}\dot{U}_{n(n-1)} = \dot{I}_{S(n-1)(n-1)}
\end{cases}
$$

当电路中有受控源时，先将受控源按照独立源对待，最后增补一个关于受控源控制量与节点电压关系的方程。

【例 6 - 6】　如图 6 - 8（a）所示正弦稳态电路，已知 $Z_1 = Z_2 = Z_3 = 6 + j8\Omega$，$Z_4 = 10\Omega$，$\dot{U}_S = 50\angle 0°V$，$\dot{I}_S = 10\angle 90°A$。应用叠加定理求 $\dot{I}_3$。

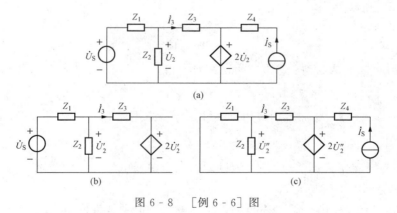

图 6 - 8　［例 6 - 6］图

解　（1）当电压源单独作用时，如图 6 - 8（b）所示。有

$$Z_3\dot{I}_3' = \dot{U}_2' - 2\dot{U}_2' = -\dot{U}_2'$$

$$\dot{U}_S = Z_1\left(\dot{I}_3' + \frac{\dot{U}_2'}{Z_2}\right) + \dot{U}_2' = Z_1\left(\dot{I}_3' + \frac{-Z_3\dot{I}_3'}{Z_2}\right) - Z_3\dot{I}_3' = -Z_3\dot{I}_3'$$

得

$$\dot{I}_3' = -\frac{\dot{U}_S}{Z_3} = -\frac{50\angle 0°}{6+j8} = 5\angle 126.87°A$$

（2）当电流源单独作用时，如图 6-8（c）所示。有

$$Z_3\dot{I}_3'' = \dot{U}_2'' - 2\dot{U}_2'' = -\dot{U}_2''$$

$$\left(\frac{1}{Z_1} + \frac{1}{Z_2} + \frac{1}{Z_3}\right)\dot{U}_2'' - \frac{1}{Z_3}\times 2\dot{U}_2'' = 0$$

得

$$\dot{I}_3'' = 0$$

（3）应用叠加定律，在两个独立源共同作用时

$$\dot{I}_3 = \dot{I}_3' + \dot{I}_3'' = 5\angle 126.87°A$$

【解题指导与点评】 直流电路中适用的叠加定理可以推广应用于正弦稳态电路分析，注意受控源不能单独作用，要保留在各分电路中。

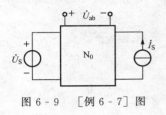

图 6-9 ［例 6-7］图

【例 6-7】 如图 6-9 所示电路，N_0 为线性非时变无源网络。已知当 $\dot{U}_S = 20\angle 0°V$，$\dot{I}_S = 2\angle 90°A$ 时，$\dot{U}_{ab} = 0$；当 $\dot{U}_S = 10\angle 30°V$，$\dot{I}_S = 0$ 时，$\dot{U}_{ab} = 10\angle 60°V$。求 $\dot{U}_S = 20\angle -90°V$，$\dot{I}_S = 1\angle -30°A$ 时，$\dot{U}_{ab}$ 为多少？

解 由叠加定理的相量形式，可设

$$\dot{U}_{ab} = k_1\dot{U}_S + k_2\dot{I}_S$$

将已知条件代入，得

$$\begin{cases} 0 = k_1\times 20\angle 0° + k_2\times 2\angle 90° \\ 10\angle 60° = k_1\times 10\angle 30° \end{cases}$$

解得

$$\begin{cases} k_1 = 1\angle 30° \\ k_2 = 10\angle 120° \end{cases}$$

当 $\dot{U}_S = 20\angle -90°V$，$\dot{I}_S = 1\angle -30°A$ 时，得

$$\dot{U}_{ab} = 1\angle 30°\times 20\angle -90° + 10\angle 120°\times 1\angle -30° = 12.39\angle -36.21°V$$

【解题指导与点评】 叠加定理应用于线性正弦稳态电路时，可以用

$$\dot{R} = k_1\dot{E}_1 + k_2\dot{E}_2 + \cdots$$

表示，其中 $\dot{R}$ 为响应相量；$\dot{E}_1$、$\dot{E}_2$ 为激励源（电压源或电流源）的激励相量；k_1、k_2 为系数，只与电路的结构和参数有关。

【例 6-8】 如图 6-10（a）所示电路，N_S 为含有独立源线性网络。已知当 $i_S = 0$ 时，$u = 3\sqrt{2}\cos(\omega t)V$；当 $i_S = 3\sqrt{2}\cos(\omega t + 30°)A$ 时，$u = 6\cos(\omega t + 45°)V$。求 $i_S = 4\sqrt{2}\cos(\omega t - 30°)A$ 时，u 为多少？

解 画出电路的相量模型，如图 6-10（b）所示。将电路中所有独立源分为电流源和 N_S 内的独立源两部分，由叠加定理，有

$$\dot{U} = \dot{U}_{Ns} + k\dot{I}_S$$

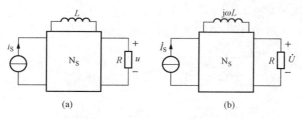

图 6 - 10　[例 6 - 8] 图

由已知条件：当 $\dot{I}_S = 0$ 时，$\dot{U} = 3\angle 0°\text{V}$；当 $\dot{I}_S = 3\angle 30°\text{A}$ 时，$\dot{U} = 3\sqrt{2}\angle 45°\text{V}$，可得

$$\begin{cases} 3\angle 0° = \dot{U}_{NS} \\ 3\sqrt{2}\angle 45° = \dot{U}_{NS} + k \times 3\angle 30° \end{cases}$$

解得

$$\begin{cases} \dot{U}_{NS} = 3\angle 0° \\ k = 1\angle 60° \end{cases}$$

当 $\dot{I}_S = 4\angle -30°\text{A}$ 时，有

$$\dot{U} = 3\angle 0° + 1\angle 60° \times 4\angle -30° = 3 + 2\sqrt{3} + j2 = 6.77\angle 17.19°\text{V}$$

$$u = 6.77\sqrt{2}\cos(\omega t + 17.19°)\text{V}$$

【解题指导与点评】　本题与上题一样，属于电路结构和参数确定但未知的情况。电路中独立源个数不确定，先将所有独立源进行分组，每组有一个或几个独立源，每组独立源单独作用，得到响应分量，最后所有独立源共同作用时，应用叠加定理将各响应分量叠加即可。

【例 6 - 9】　如图 6 - 11 （a）所示电路，已知 $Z_1 = 6 - j8\Omega$，$Z_2 = j10\Omega$，$Z_3 = 10 + j20\Omega$，$\dot{U}_S = 50\angle 0°\text{V}$。应用戴维南定理或诺顿定理，求 Z_3 支路的电流 $\dot{I}$。

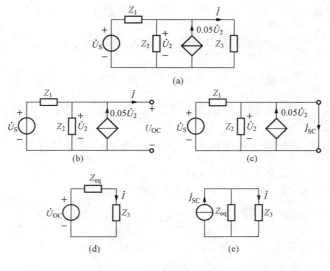

图 6 - 11　[例 6 - 9] 图

解　将电流 $\dot{I}$ 所在的 Z_3 支路断开，得到含源网络。

（1）对含源网络求开路电压，如图 6 - 11（b）所示。有

$$\left(\frac{1}{Z_1}+\frac{1}{Z_2}\right)\dot{U}_2=\frac{\dot{U}_s}{Z_1}+0.05\dot{U}_2$$

代入已知数据，解得

$$\dot{U}_{OC}=\dot{U}_2=100\sqrt{5}\angle116.56°\text{V}$$

（2）对含源网络求短路电流，如图 6 - 11（c）所示，有

$$\dot{U}_2=0$$

$$\dot{I}_{sc}=\frac{\dot{U}_s}{Z_1}=\frac{50\angle0°}{6-j8}=3+j4=5\angle53.13°\text{A}$$

（3）应用开路电压短路电流法求等效阻抗

$$Z_{eq}=\frac{\dot{U}_{OC}}{\dot{I}_{sc}}=\frac{100\sqrt{5}\angle116.56°}{5\angle53.13°}=20\sqrt{5}\angle63.43°\Omega$$

（4）画出戴维南等效电路，如图 6 - 11（d）所示，有

$$\dot{I}=\frac{\dot{U}_{OC}}{Z_{eq}+Z_3}=\frac{100\sqrt{5}\angle116.56°}{20\sqrt{5}\angle63.43°+10+j20}=\frac{10}{3}\angle53.13°=3.33\angle53.13°\text{A}$$

（5）画出诺顿等效电路，如图 6 - 11（e）所示。有

$$\dot{I}=\frac{Z_{eq}}{Z_{eq}+Z_3}\dot{I}_{sc}=\frac{20\sqrt{5}\angle63.43°}{20\sqrt{5}\angle63.43°+10+j20}\times5\angle53.13°$$

$$=\frac{10}{3}\angle53.13°=3.33\angle53.13°\text{A}$$

【解题指导与点评】　本题应用戴维南定理和诺顿定理求解支路变量，求解主要分为开路电压 $\dot{U}_{OC}$、短路电流 $\dot{I}_{sc}$、等效阻抗 Z_{eq}，戴维南（诺顿）等效电路等，应注意三点：

（1）求 Z_{eq} 所用方法有两种：①对含源网络应用开路电压短路电流法，$\dot{U}_{OC}$、$\dot{I}_{sc}$ 的方向要一致，才有 $Z_{eq}=\frac{\dot{U}_{OC}}{\dot{I}_{sc}}$；②含源网络置为无源网络，独立源"置零"，若无源网络中无受控源，应用阻抗的串、并联及 Y—△等效变换等求等效阻抗；若无源网络中含受控源，使用加压求流法，而外加电压源的电压、电流取非关联参考方向，才有 $Z_{eq}=\frac{\dot{U}}{\dot{I}}$。

（2）戴维南等效电路中等效电压源 $\dot{U}_{OC}$ 的方向即是原含源网络求开路电压的方向。

（3）诺顿等效电路中等效电流源 $\dot{I}_{sc}$ 的方向与原含源网络求短路电流的方向相反。

【例 6 - 10】　如图 6 - 12（a）所示电路，已知 $U=U_1=U_3=100\text{V}$，$\omega=1000\text{rad/s}$，$L=0.2\text{H}$，$C=10\mu\text{F}$。试求 Z_3（感性）和各支路电流。

解　$j\omega L=j1000\times0.2=j200\Omega$，$\frac{1}{j\omega C}=\frac{1}{j1000\times10\times10^{-6}}=-j100\Omega$，设参考相量 $\dot{U}_3=100\angle0°\text{V}$。定性画出电路的 KVL、KCL 相量图，如图 6 - 12（b）所示。Z_3 呈感性，阻抗角范围 $-90°\leqslant\varphi\leqslant90°$，因此 $\dot{I}_3$ 滞后于 $\dot{U}_3$，$\dot{I}_3$ 的相位为 $-90°\sim0°$。而电容元件与 Z_3 并联，

其上电流 $\dot{I}_2$ 超前 $\dot{U}_3$ 90°，由 KCL 得到 $\dot{I}_1$，$\dot{I}_1 = \dot{I}_2 + \dot{I}_3$，电感元件电压 $\dot{U}_1$ 超前 $\dot{I}_1$ 90°，$\dot{U}_1$ 的相位为 0°～180°。由 KVL 得到 $\dot{U}$，$\dot{U} = \dot{U}_1 + \dot{U}_3$。由已知条件 $U = U_1 = U_3 = 100V$，所以 $\dot{U}_1 = 100\angle 120°V$，$\dot{U} = 100\angle 60°V$。各支路电流为

$$\dot{I}_1 = \frac{\dot{U}_1}{j\omega L} = \frac{100\angle 120°}{j200} = 0.5\angle 30°A$$

$$\dot{I}_2 = \frac{\dot{U}_3}{\dfrac{1}{j\omega C}} = \frac{100\angle 0°}{-j100} = 1\angle 90°A$$

$$\dot{I}_3 = \dot{I}_1 - \dot{I}_2 = 0.5\angle 30° - 1\angle 90° = 0.866\angle -60°A$$

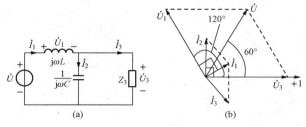

图 6 - 12　［例 6 - 10］图

所以

$$Z_3 = \frac{\dot{U}_3}{\dot{I}_3} = \frac{100\angle 0°}{0.866\angle -60°} = 115.8\angle 60° = 58 + j100\Omega$$

【解题指导与点评】　本题应用相量图辅助分析法，首先选择参考相量，令其初相为零。参考相量选用通常按照：串联电路选择电流相量作参考相量；并联电路选择电压相量作参考相量；混联电路按离激励最远处元件的连接方式选择参考相量。此题为混联电路，离激励最远处元件的连接方式便是电容元件与 Z_3 的并联，设并联共有的电压 $\dot{U}_3$ 作为参考相量。然后从参考相量出发，利用 KCL、KVL 及元件 VCR 确定有关电流、电压间的相量关系，定性画出相量图。最后利用相量图表示的几何关系，求得所需的电流、电压相量。此题解题关键在于利用 $\dot{U}_3$ 作为参考相量和确定 $\dot{U}_1$ 的值。

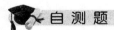

自测题

一、选择题

1. 下面几组等效变换中错误的一组是（　　　　）。

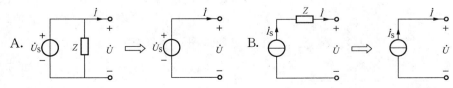

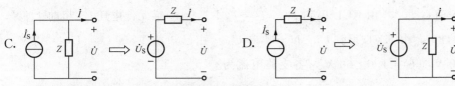

2. 如题图 6-20 所示，下面式子中错误的是（　　　）。

A. $(Z_1 + Z_2)\dot{I}_1 - Z_2\dot{I}_3 = \dot{U}$　　　　B. $-Z_2\dot{I}_1 + (Z_3 + Z_2)\dot{I}_3 = 0$

C. $\left(\dfrac{1}{Z_1} + \dfrac{1}{Z_2} + \dfrac{1}{Z_3}\right)\dot{U}_2 = \dfrac{\dot{U}}{Z_1}$　　　　D. $\left(\dfrac{1}{Z_1} + \dfrac{1}{Z_2} + \dfrac{1}{Z_3}\right)\dot{U}_2 = \dot{I}_1$

3. 题图 6-21 所示电路中，$U = U_1 + U_2$，则 R_1、L_1、R_2、L_2 应满足（　　　）。

A. $\dfrac{R_1}{R_2} = \dfrac{L_1}{L_2}$　　　　B. $R_1L_1 = R_2L_2$

C. $R_1R_2 = L_1L_2$　　　　D. 以上选项都不行

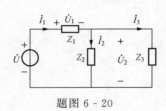
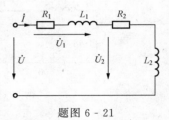

题图 6-20　　　　　　　　　　　　题图 6-21

二、计算题

1. 试列出题图 6-22 所示电路的节点电压方程组（激励源的角频率为 ω）。

2. 如题图 6-23 所示电路，分别用网孔电流法、节点电压法求电流 $\dot{I}$。

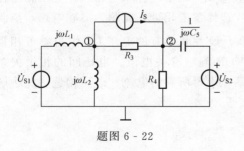
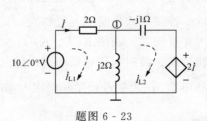

题图 6-22　　　　　　　　　　　　题图 6-23

3. 如题图 6-24 所示电路，已知 $\dot{I}_S = 5\angle 90°\text{A}$，应用节点电压法求各节点电压和电流 $\dot{I}$。

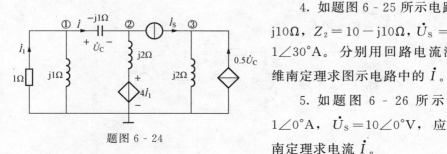

题图 6-24

4. 如题图 6-25 所示电路，已知 $Z_1 = 10 + \text{j}10\,\Omega$，$Z_2 = 10 - \text{j}10\,\Omega$，$\dot{U}_S = 10\angle 75°\text{V}$，$\dot{I}_S = 1\angle 30°\text{A}$。分别用回路电流法、叠加定理、戴维南定理求图示电路中的 $\dot{I}$。

5. 如题图 6-26 所示电路，已知 $\dot{I}_S = 1\angle 0°\text{A}$，$\dot{U}_S = 10\angle 0°\text{V}$，应用叠加定理、戴维南定理求电流 $\dot{I}$。

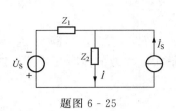

题图 6 - 25

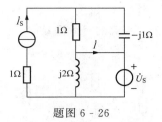

题图 6 - 26

课题三　正弦稳态电路的功率

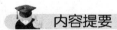 内容提要

① 无源一端口的功率

如图 6 - 1（a）所示，设 $\dot{U}=U\angle 0°$，$\dot{I}=I\angle-\varphi$，且 $\dot{U}$、$\dot{I}$ 为关联参考方向，φ 为电压、电流的相位差，即等效阻抗的阻抗角，设 $|\varphi|\leqslant\dfrac{\pi}{2}$。一端口所吸收的功率见表 6 - 4。

表 6 - 4　　　　　　　　　　正弦稳态电路无源一端口的功率

	名称	公　式	单位	备　注
P	平均功率	$P=UI\cos\varphi=S\cos\varphi=I^2R$ $\sum P=0$	瓦（W）	也称有功功率 有功功率守恒
Q	无功功率	$Q=UI\sin\varphi=S\sin\varphi=I^2X$ $\sum Q=0$	乏（var）	$Q_L=I^2\omega L\geqslant 0$ $Q_C=-\dfrac{I^2}{\omega C}\leqslant 0$ 无功功率守恒
S	视在功率	$S=UI=\sqrt{P^2+Q^2}$ $\sum S\neq 0$	伏安（V·A）	也称容量，视在功率不守恒
$\overline{S}$	复功率	$\overline{S}=\dot{U}\dot{I}^*=S\angle\varphi=P+jQ$ $=I^2Z=U^2Y^*$ $\sum\overline{S}=0$	伏安（V·A）	无意义，只是计算量， 复功率守恒
λ	功率因数	$\lambda=\cos\varphi=\dfrac{P}{S}=\dfrac{R}{|Z|}=\dfrac{G}{|Y|}$		$\varphi>0$，电路呈感性 $\varphi<0$，电路呈容性

② 最大功率传输

含源一端口 N_S 外连接可变负载阻抗 Z_L，如图 6 - 13（a）所示电路，可以等效为戴维南

等效支路与 Z_L 连接，如图 6 - 13（b）所示。其中，$\dot{U}_{OC}$ 是 N_S 的开路电压相量，$\dot{U}_{OC} = U_{OC}\angle\varphi_{U_{OC}}$；$Z_{eq}$ 为 N_S 的等效阻抗，$Z_{eq}=R_{eq}+jX_{eq}$。

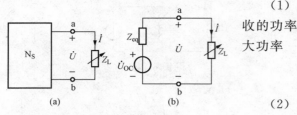

（1）$Z_L=R_L+jX_L$，当满足 $Z_L=Z_{eq}^*$ 时 Z_L 吸收的功率最大，称为最佳匹配或共轭匹配。此时最大功率

$$P_{Lmax}=\frac{U_{OC}^2}{4R_{eq}}$$

（2）$Z_L=R_L$，当满足

$$Z_L=R_L=|Z_{eq}|$$

（a）　　　　（b）

图 6 - 13　最大功率传输

时 Z_L 吸收的功率最大，称为模匹配。此时最大功率

$$P_{Lmax}=\frac{U_{OC}^2}{2(R_{eq}+|Z_{eq}|)}$$

典型例题

【例 6 - 11】　如图 6 - 14 所示电路，已知 $\dot{U}_S=100\sqrt{2}\angle45°V$，$R_1=R_2=10\Omega$，$R_3=8\Omega$，$X_L=12\Omega$，$X_C=-30\Omega$。求电路中元件 R、L、C 吸收的有功功率、无功功率及电源提供的功率。

解　电路的输入阻抗

$$Z_{in}=R_1+\frac{(R_2+jX_C)(R_3+jX_L)}{(R_2+jX_C)+(R_3+jX_L)}$$
$$=10+\frac{(10-j30)(8+j12)}{(10-j30)+(8+j12)}=27.057\angle19.179°\Omega$$

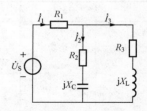

图 6 - 14　［例 6 - 11］图

各支路电流

$$\dot{I}_1=\frac{\dot{U}_S}{Z_{in}}=\frac{100\sqrt{2}\angle45°}{27.057\angle19.179°}=5.227\angle25.821°A$$

$$\dot{I}_2=\frac{R_3+jX_L}{R_2+jX_C+R_3+jX_L}\dot{I}_1=\frac{8+j12}{10-j30+8+j12}\times5.227\angle25.821°$$
$$=2.961\angle127.131°A$$

$$\dot{I}_3=\frac{R_2+jX_C}{R_2+jX_C+R_3+jX_L}\dot{I}_1=\frac{10-j30}{10-j30+7+j12}\times5.227\angle25.821°$$
$$=6.492\angle-0.744°A$$

或者

$$\dot{I}_3=\dot{I}_1-\dot{I}_2=6.492\angle-0.744°A$$

电阻吸收有功功率、无功功率

$$P_{R1}=I_1^2\times R_1=5.227^2\times10=273.215W,\qquad Q_{R1}=0var$$

$$P_{R2}=I_2^2\times R_2=2.961^2\times10=87.675W,\qquad Q_{R2}=0var$$

$$P_{R3}=I_3^2\times R_3=6.492^2\times8=337.169W,\qquad Q_{R3}=0var$$

电感吸收有功功率、无功功率

$$P_L = 0W, \qquad Q_L = I_2^2 \times 12 = 6.492^2 \times 12 = 505.753var$$

电容吸收有功功率、无功功率

$$P_C = 0W, \qquad Q_C = I_1^2 \times (-30) = 2.961^2 \times (-30) = -263.026var$$

电源提供的功率

$$P = P_{R1} + P_{R2} + P_{R3} \approx 698.1W$$

或者

$$P = U_s I \cos\varphi_{Z_{in}} \approx 698.1W$$

【解题指导与点评】　本题的考点是电路有功功率、无功功率的概念及功率守恒。电阻元件吸收或消耗有功功率，电感元件吸收无功功率，电容元件发出无功功率。如果没有特别说明，电路消耗的功率或电源发出的功率，一般指的是有功功率。

【例 6 - 12】　如图 6 - 15 所示电路，已知电流 $I = 5A$，求电路的 P、Q、S 和 λ。

解　电路阻抗为

$$Z = R_1 + R_2 + j(X_{C1} + X_{C2} + X_L) = 6 + 3 + j(-6 - 3 + 4)$$

$$= 9 - j5 = \sqrt{106} \angle -29.05° = 10.3 \angle -29.05°\Omega$$

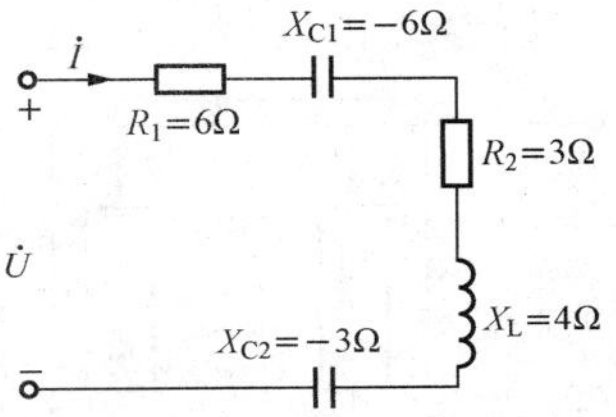

端口电压

$$U = I|Z| = 5 \times \sqrt{106} = 51.5V$$

图 6 - 15　[例 6 - 12] 图

（1）求 P。

解法一：网络中只有电阻消耗功率，所有电阻消耗功率的总和即为单口网络的功率。

$$P = I^2 R_1 + I^2 R_2 = 5^2(6+3) = 225W$$

解法二：网络消耗的功率等于端口电流有效值的平方乘以阻抗的实部，即

$$P = I^2 Re[Z] = 5^2 \times 9 = 225W$$

解法三：网络消耗的功率等于端口电压、电流有效值相乘，再乘上 $\cos\varphi_Z$，即

$$P = UI\cos\varphi_Z = 5\sqrt{106} \times 5 \times \cos(-29.05°) = 225W$$

（2）求 Q。

解法一：网络吸收的无功功率等于端口电流有效值的平方乘阻抗的虚部，即

$$Q = I^2 Im[Z] = 5^2 \times (-5) = -125var$$

解法二：网络吸收的无功功率等于端口电压、电流有效值相乘，再乘上 $\sin\varphi_Z$，即

$$Q = UI\sin\varphi_Z = 5\sqrt{106} \times 5 \times \sin(-29.05°) = -125var$$

（3）求 S。

解法一：网络吸收的视在功率等于端口电压、电流有效值的乘积，即

$$S = UI = 5\sqrt{106} \times 5 = 257.4V \cdot A$$

解法二：网络吸收的视在功率的平方等于有功功率、无功功率的平方和，即

$$S = \sqrt{P^2 + Q^2} = \sqrt{225^2 + (125)^2} = 257.4V \cdot A$$

（4）求 λ。

解法一：功率因数等于有功功率除以视在功率，即

$$\lambda = \frac{P}{S} = \frac{225}{257.5} = 0.87$$

解法二：功率因数等于 $\cos\varphi_Z$，即

$$\lambda = \cos\varphi_Z = \cos(-29.05°) = 0.87$$

【解题指导与点评】　本题的考点是正弦稳态电路的功率和功率因数。正弦稳态电路的功率有多个，有功功率 P、无功功率 Q、视在功率 S、复功率 $\overline{S}$ 等，要注意它们的意义各不相同，单位也不相同。

【例 6-13】　如图 6-16 所示，某车间照明电路安装有白炽灯和荧光灯各 10 只，已知白炽灯额定功率为 60W。荧光灯额定功率为 40W，功率因数为 0.6。正弦电源电压为 220V。求整个照明电路的视在功率 S、功率因数 λ 和流过负载的总电流 I。

解　设 10 只白炽灯、10 只荧光灯的额定功率分别为

$$P_1 = 60 \times 10 = 600\text{W}, \quad P_2 = 40 \times 10 = 400\text{W}$$

设参考相量为 $\dot{U} = 220\angle 0°\text{V}$。

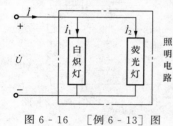

图 6-16　［例 6-13］图

白炽灯可以看作电阻，其功率因数为 $\cos\varphi_1$，由 $P_1 = UI_1\cos\varphi_1$，得到流过白炽灯的总电流

$$I_1 = \frac{P_1}{U\cos\varphi_1} = \frac{600}{220 \times 1} = \frac{30}{11}\text{A}, \quad \dot{I}_1 = \frac{30}{11}\angle 0°\text{A}$$

荧光灯功率因数为 $\cos\varphi_2 = 0.6$，感性，由 $P_2 = UI_2\cos\varphi_2$，得到流过荧光灯的总电流

$$I_2 = \frac{P_2}{U\cos\varphi_2} = \frac{400}{220 \times 0.6} = \frac{100}{33}\text{A}$$

由 $\cos\varphi_2 = 0.6$，得

$$\varphi_2 = \arccos 0.6 = 53.13°$$

所以

$$\dot{I}_2 = \frac{100}{33}\angle -53.13°\text{A}$$

$$\dot{I} = \dot{I}_1 + \dot{I}_2 = \frac{30}{11}\angle 0° + \frac{100}{33}\angle -53.13° = \frac{170}{33}\angle -28.07°\text{A}$$

流过负载的总电流 I、功率因数 λ 和视在功率 S 分别为

$$I = \frac{170}{33} = 5.15\text{A}$$

$$\lambda = \cos[0° - (-28.07°)] = 0.88$$

$$S = UI = 220 \times \frac{170}{33} = 1133.3\text{V·A}$$

【解题指导与点评】　本题的考点是正弦稳态电路的额定功率、功率因数、视在功率的概念。照明电路荧光灯、白炽灯的额定功率就是荧光灯、白炽灯的有功功率，通常情况下，荧光灯看作电阻与电感的串联，呈现感性，功率因数小于 1，在电路中并联连接于电源两端；白炽灯看作电阻，功率因数为 1，也是并联连接于电源两端。

【例 6-14】　如图 6-17（a）所示电路，已知正弦电源电压 $U_s = 220\text{V}$，频率 $f = 50\text{Hz}$。感性负载 $Z_L = R_L + j\omega L$，其功率因数 $\cos\varphi = 0.5$，额定功率 $P = 1.1\text{kW}$。求：

(1) 求负载等效电阻 R、电感 L 及通过负载的电流 $\dot{I}_L$。

(2) 为了提高功率因数，在感性负载两端并联一个电容，欲使功率因数提高到 0.8，求所需的电容和并联电容后电源流出的电流 $\dot{I}$。

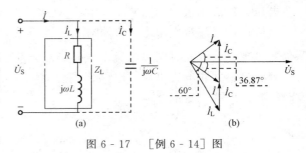

图 6-17　[例 6-14] 图

解　(1) $\omega = 2\pi f = 100\pi \text{rad/s}$，设参考相量 $\dot{U}_S = 220\angle 0°\text{V}$。

由 $P = U_S I_L \cos\varphi$，得

$$I_L = \frac{P}{U_S \cos\varphi} = \frac{1.1 \times 10^3}{220 \times 0.5} = 10\text{A}$$

由感性负载 $Z_L = R_L + j\omega L$，$\cos\varphi = 0.5$（感性），得

$$\varphi = \arccos 0.5 = 60°$$

$$\dot{I}_L = 10\angle -60°\text{A}$$

负载阻抗

$$Z_L = \frac{\dot{U}_S}{\dot{I}_L} = \frac{220\angle 0°}{10\angle -60°} = 22\angle 60° = 11 + j11\sqrt{3}\,\Omega = R_L + j\omega L$$

则

$$R_L = 11\Omega, \qquad L = \frac{11\sqrt{3}}{\omega} = \frac{11\sqrt{3}}{100\pi} = 60.6\text{mH}$$

(2) 解法一：并联电容，流过原负载的电流不会改变，电路消耗有功功率不变。此时电源电流

$$I = \frac{P}{U_S \cos\varphi'} = \frac{1.1 \times 10^3}{220 \times 0.8} = 6.25\text{A}$$

由 $\cos\varphi' = 0.8$，得

$$\varphi' = \arccos 0.8 = \pm 36.87°$$

所以

$$\dot{I} = 6.25\angle 36.87°\text{A} \quad 或 \quad \dot{I} = 6.25\angle -36.87°\text{A}$$

当 $\dot{I} = 6.25\angle 36.87°\text{A}$ 时，电路呈现容性，电容电流

$$\dot{I}_C = \dot{I} - \dot{I}_L = 6.25\angle 36.87° - 10\angle -60° = j12.41 = 12.41\angle 90°\text{A}$$

由 $I_C = \omega C U_S$，得

$$C = \frac{I_C}{\omega U_S} = \frac{12.41}{100\pi \times 220} = 179.6\mu\text{F}$$

当 $\dot{I} = 6.25\angle -36.87°\text{A}$ 时，电路呈现感性，电容电流

$$\dot{I}_C = \dot{I} - \dot{I}_L = 6.25\angle -36.87° - 10\angle -60° = j4.91 = 4.91\angle 90°\text{A}$$

$$C = \frac{I_C}{\omega U_S} = \frac{4.91}{100\pi \times 220} = 71.0\mu\text{F}$$

电压、电流相量图如图 6 - 17（b）所示。

从应用和经济观点考虑，应取容量小的电容，即 $C = 71.0\mu F$ 并联在感性负载两端，电路仍然呈现感性，此时电源电流 $\dot{I} = 6.25\angle -36.87°A$。

解法二： 并联电容以后，电路仍呈感性，功率因数得到提高。功率因数由 0.5 提高到 0.8，则

$$\cos\varphi = 0.5, \quad |\varphi| = 60°$$
$$\cos\varphi' = 0.8, \quad |\varphi'| = 36.87°$$

$$C = \frac{P}{\omega U_s^2}(\tan|\varphi| - \tan|\varphi'|) = \frac{1.1\times10^3}{100\pi\times220^2}(\tan60° - \tan36.87°) = 71.0\mu F$$

$$I = \frac{P}{U_s\cos\varphi'} = \frac{1.1\times10^3}{220\times0.8} = 6.25A$$

$$\dot{I} = 6.25\angle -36.87°A$$

【解题指导与点评】 本题的考点是提高电路功率因数的方法。为了提高感性（容性）负载电路的功率因数，需要在负载两端并联适当的电容（电感）。并联电容后，一方面能保证原负载吸收有功功率不变，设备正常工作；另一方面，使电路总电流变小，降低传输线路功率损耗。而减少线损、充分利用供电设备的容量，正是要求提高功率因数的原因。理论上，提高相同的功率因数，可以并联大小不同容量的电容，一种过补偿，另一种欠补偿。从应用和经济观点考虑，同一类型的电容，容量小时体积小，价格便宜。所以，应选用容量小的电容，实现欠补偿，提高功率因数。

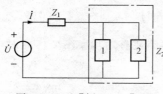

图 6 - 18　[例 6 - 15] 图

【例 6 - 15】 如图 6 - 18 所示正弦稳态电路，已知电源电压 $\dot{U} = 165\angle0°V$，$\omega = 100rad/s$，电源提供的复功率 $\overline{S} = 1650 + j825V\cdot A$，负载 Z_1 吸收的复功率 $\overline{S}_1 = 1250 + j625V\cdot A$，求 Z_2 的值，并说明 Z_2 是由哪两个元件并联而成。

解 由 $\overline{S} = \dot{U}\overset{*}{I} = \overline{S}_1 + \overline{S}_2$，得

$$\overset{*}{I} = \frac{\overline{S}}{\dot{U}} = \frac{1650 + j825}{165\angle0°} = 10 + j5A$$

$$\dot{I} = 10 - j5A$$

$$\overline{S}_2 = \overline{S} - \overline{S}_1 = 1650 + j825 - (1250 + j625) = 400 + j200V\cdot A$$

由 $\overline{S}_2 = I^2 Z_2$，得

$$Z_2 = \frac{\overline{S}_2}{I^2} = \frac{400 + j200}{10^2 + 5^2} = \frac{16 + j8}{5} = 3.2 + j1.6\Omega$$

$$Y_2 = \frac{1}{Z_2} = \frac{5}{16 + j8} = \frac{1}{4} - j\frac{1}{8}S$$

由 $\text{Re}[Y_2] = \frac{1}{4}S$，元件 1 是电阻元件，

$$R = 4\Omega$$

由 $\text{Im}[Y_2] = -\frac{1}{8}S$，元件 2 是电感元件，$-\frac{1}{\omega L} = -\frac{1}{8}S$，则

$$L = \frac{8}{\omega} = \frac{8}{100} = 0.08\text{H}$$

所以，Z_2 是由 $R = 4\Omega$ 的电阻元件和 $L = 0.08\text{H}$ 的电感元件并联构成的。

【解题指导与点评】 本题的考点是复功率的定义、复功率守恒定律及阻抗、导纳的等效电路。应用复功率的定义时，一定注意对端口而言，电压、电流为关联参考方向，电源提供的复功率，即为所有负载吸收的复功率。功率守恒定律包括有功功率守恒、无功功率守恒和复功率守恒，而视在功率不守恒。

【例 6 - 16】 有源一端口网络 N 如图 6 - 19 （a）所示，已知 $\dot{U}_S = 2\angle 0°\text{V}$，$\omega = 0.5\text{rad/s}$，受控源的转移电阻 $r = 1\Omega$。

（1）求一端口网络的戴维南等效电路和诺顿等效电路。

（2）若在端口 a、b 处接负载 $Z_L = 0.5 + \text{j}0.2\Omega$，计算 Z_L 吸收的功率。

（3）若在端口 a、b 处接可变电阻性负载 $Z_L = R_L$，则 R_L 为何值时可从网络 N 获得最大功率？求该最大功率的值。

（4）若在端口 a、b 处接可变阻抗负载 Z_L，则 Z_L 为何值时可从网络 N 获得最大功率？求该最大功率的值。

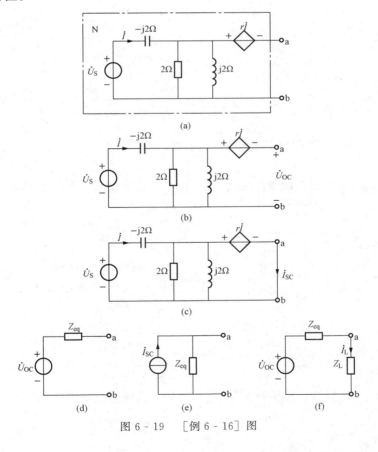

图 6 - 19 ［例 6 - 16］图

解 （1）为求一端口网络 N 的戴维南、诺顿等效电路，分别计算端口的开路电压 $\dot{U}_{OC}$、短路电流 $\dot{I}_{SC}$，然后用开路电压、短路电流法计算端口的等效阻抗 Z_{eq}。

①求开路电压 $\dot{U}_{OC}$。画出端口开路时电路，如图 6 - 19（b）所示。可得为

$$\dot{I} = \frac{\dot{U}_S}{-j2 + \dfrac{2 \times j2}{2+j2}} = \frac{2\angle 0°}{-j2 + (1+j1)} = 1+j1 = \sqrt{2}\angle 45° \text{A}$$

$$\dot{U}_{OC} = -r\dot{I} - (-j2)\dot{I} + \dot{U}_S = (-1+j2)\sqrt{2}\angle 45° + 2\angle 0° = \sqrt{2}\angle 135° \text{V}$$

②短路电流 $\dot{I}_{SC}$。画出端口短路时电路，如图 6 - 19（c）所示。将图中电阻、电感并联支路用 Z_1 代替，则

$$Z_1 = \frac{2 \times j2}{2+j2} = 1+j1\ \Omega$$

列回路电流方程

$$\begin{cases} (-j2+Z_1)\dot{I}' - Z_1\dot{I}_{SC} = \dot{U}_S \\ -Z_1\dot{I}' + Z_1\dot{I}_{SC} = -r\dot{I}' \end{cases}$$

代入已知数据，整理得

$$\begin{cases} (1-j1)\dot{I}' - (1+j1)\dot{I}_{SC} = 2 \\ -j1\dot{I}' + (1+j1)\dot{I}_{SC} = 0 \end{cases}$$

解得短路电流 $\dot{I}_{SC}$

$$\dot{I}_{SC} = j1 = 1\angle 90° \text{A}$$

等效阻抗 Z_{eq}

$$Z_{eq} = \frac{\dot{U}_{OC}}{\dot{I}_{SC}} = \frac{\sqrt{2}\angle 135°}{1\angle 90°} = \sqrt{2}\angle 45° = 1+j1\ \Omega$$

分别画出含源单口网络 N 的戴维南等效电路，如图 6 - 19（d）所示，诺顿等效电路如图 6 - 19（e）所示。

（2）在端口 a、b 处接负载 $Z_L = 0.5 + j0.2\ \Omega$，电路如图 6 - 19（f）所示。

$$\dot{I}_L = \frac{\dot{U}_{OC}}{Z_{eq} + Z_L} = \frac{\sqrt{2}\angle 135°}{(1+j1)+(0.5+j0.2)} = 0.736\angle 96.34° \text{A}$$

负载吸收功率

$$P_L = I_L^2 \text{Re}[Z_L] = 0.736^2 \times 0.5 = 0.271 \text{W}$$

（3）在端口 a、b 处接可变电阻性负载 $Z_L = R_L$，当满足模匹配条件

$$Z_L = R_L = |Z_{eq}| = \sqrt{2} = 1.414\ \Omega$$

时，可从网络 N 获得最大功率，该最大功率为

$$P_{L\max} = \frac{U_{OC}^2}{2(R_{eq} + |Z_{eq}|)} = \frac{(\sqrt{2})^2}{2(1+\sqrt{2})} = 0.414 \text{W}$$

（4）在端口 a、b 处接可变阻抗负载 Z_L，当满足共轭匹配条件

$$Z_L = Z_{eq}^* = \sqrt{2}\angle -45° = 1-j1\ \Omega$$

时，可从网络 N 获得最大功率，该最大功率为

$$P'_{L\max} = \frac{U_{OC}^2}{4R_{eq}} = \frac{(\sqrt{2})^2}{4 \times 1} = 0.5 \text{W}$$

【解题指导与点评】　本题的考点是正弦稳态电路的最大功率传输。正弦稳态电路最大功率传输，是戴维南定理或诺顿定理的应用之一。一般来说，对于给定电源而言，负载满足共轭匹配条件时可从电源获得真正"最大"功率，满足模匹配条件时次之，接其他负载时，从电源获得的功率更小。

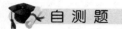 自测题

一、选择题

1. 某一端口网络所吸收的平均功率为零，所吸收的无功功率为 -5var，则该网络可等效为（　　）。

A. 电容　　　　　　　　　　　　　B. 电感

C. 电阻　　　　　　　　　　　　　D. 电阻与电容串联的电路

2. RLC 串联电路中电流为 I，端口电压为 U，下列关系中正确的是（　　）。

A. $P = \dfrac{U^2}{R}$ 　　　　　　　　　　B. $Q = I^2(X_{\text{L}} - X_{\text{C}})$

C. $S = I^2(R + \text{j}X)$ 　　　　　　　　D. $\overline{S} = \dot{U}\dot{I}^* = I^2 Z$

3. 正弦电流电路的平均功率 P、无功功率 Q 和视在功率 S 三者中有的守恒，有的不一定守恒，守恒的为（　　）。

A. P 和 Q 　　　　B. P 和 S 　　　　C. Q 和 S 　　　　D. S

4. 一个感性负载接至正弦电压源，并联电容后，其有功功率将（　　）。

A. 增加　　　　　　　　　　　　　B. 减小

C. 不变　　　　　　　　　　　　　D. 不能确定

5. 在正弦电流电路中，对容性负载，可以用来提高功率因数的措施是（　　）。

A. 并联电容　　　　　　　　　　　B. 并联电感

C. 串联电容　　　　　　　　　　　D. 无法确定

6. 如题图 6 - 27 所示相量模型中，电压振幅相量 $\dot{U}_{\text{Sm}} = 4\angle 30° \text{V}$，负载阻抗获得最大功率的条件以及负载最大功率分别为（　　）。

A. $Z_{\text{L}} = 2\Omega$，$P_{\max} = 2\text{W}$ 　　　　　B. $Z_{\text{L}} = 2 + \text{j}1\Omega$，$P_{\max} = 2\text{W}$

C. $Z_{\text{L}} = 2 - \text{j}1\Omega$，$P_{\max} = 1\text{W}$ 　　　　D. $Z_{\text{L}} = 2 - \text{j}1\Omega$，$P_{\max} = 2\text{W}$

7. 题图 6 - 28 所示正弦稳态电路中，若 $\dot{U}_{\text{S}} = 10\sqrt{2}\angle 0° \text{V}$，$\dot{I}_{\text{S}} = 2\angle 45° \text{A}$，则电压源发出的无功功率 Q 等于（　　）。

A. 20var 　　　　　　B. -20var 　　　　　　C. -40var 　　　　　　D. 40var

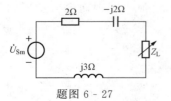

题图 6 - 27

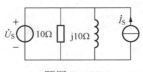

题图 6 - 28

8. 关于正弦电流电路的功率，下列说法中正确的是（　　　　）。

A. 无功功率和视在功率满足功率守恒定律

B. 复功率等于有功功率与无功功率之和

C. 电阻只消耗平均功率，电容不消耗有功功率

D. 电感和电阻都只吸收有功功率

9. 关于功率因数的提高，下列说法中错误的是（　　　　）。

A. 提高功率因数就是想办法使原负载的功率因数变大，从而提高电路的输电效率

B. 提高功率因数是为了提高设备容量利用率，同时减少了线路电能损耗

C. 提高功率因数后电路总电流的有效值变小，电源的有功输出不变，无功输出减少

D. 对于感性负载，可以通过在负载两端并联电容来提高电路的功率因数

二、填空题

1. 流过 1Ω 电阻的电流为 $i(t)=2\sqrt{2}\cos(3t-45°)$A，该电阻所吸收的平均功率为
_____ W。

2. 正弦稳态电路中，总是消耗有功功率的元件是_____，总是吸收无功功率的元件
是_____，能够产生（即对外发出）无功功率的元件是_____。

3. 若某 RL 串联电路在某频率下的等效阻抗为 $2+j3\Omega$，且消耗的有功功率为 10W，则
该串联电路的电流为_____ A，该电路吸收的无功功率为_____ var。

4. 题图 6 - 29 所示正弦电流电路中，当负载 $Z_L=$_____ Ω 时，Z_L 获得最大功率，
获得的最大功率为_____ W。

5. 题图 6 - 30 所示正弦电流电路中，电压表的读数为 220V，电流表的读数为 1.5A，功
率表的读数为_____ W。

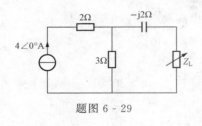

题图 6 - 29

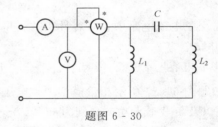

题图 6 - 30

三、判断题

1. 阻抗 Z 既是复数又是相量。　　　　　　　　　　　　　　　　　　　　　　　（　　　）

2. 工作在匹配状态下的负载可获得最大功率，显然这时电路的效率最高。　　　（　　　）

3. 若电源不是理想的，则负载电阻越小时，电流越大，输出功率必越大。　　　（　　　）

4. 感性负载并联电容后，总电流一定比原来的电流小，因而电网功率因数一定会提高。

（　　　）

5. 复功率 $\overline{S}$ 是守恒的，所以视在功率 S 也是守恒的。　　　　　　　　　　　（　　　）

四、计算题

1. 如题图 6 - 31 所示电路，N_0 为无源网络，$\dot{U}=200\angle0°$V，$\omega=10^3$rad/s，$\dot{I}=$
$20\angle-53.13°$A，试求：（1）N_0 的最简等效电路及其参数（用 Z 或 Y 均可，但需写出相应

的元件参数值）；（2）此网络的有功功率、无功功率和视在功率。

2. 如题图 6 - 32 所示电路中，N_0 中无独立源。$\dot{U} = 20\sqrt{2}\angle 75°V$，$\dot{I} = 1\angle 30°A$，求：（1）$N_0$ 的输入阻抗 Z_{in}；（2）求 N_0 吸收的有功功率和复功率。

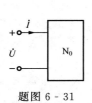
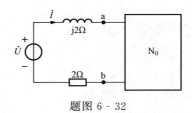

题图 6 - 31 　　　　　　　　　　题图 6 - 32

3. 如题图 6 - 33 所示电路中，已知 $\dot{U}_S = 18\sqrt{2}\angle 90°V$，求 $\dot{I}_1$、$\dot{I}_2$、$\dot{I}$ 和电压源发出的有功功率。

4. 如题图 6 - 34 所示正弦电流电路中，$u_S = \sqrt{2}\cos(\omega t + 45°)V$，$\omega = 5rad/s$，$R_1 = R_2 = 1\Omega$，$C = 0.2F$。要使 I 最大，L 值应为多大？

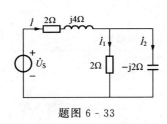
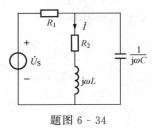

题图 6 - 33 　　　　　　　　　　题图 6 - 34

5. 如题图 6 - 35 所示电路中，已知 $\dot{I}_S = 5\angle 0°A$，试求该电源提供的平均功率、无功功率以及电路的功率因数。

6. 某一感性负载，其额定功率为 $P = 3.64kW$，功率因数 $\cos\varphi = 0.6$，接于 220V 的工频正弦交流电源上。

（1）欲使功率因数提高到 0.9，求所需的并联电容 C。

（2）求并联电容前、后电源的输出电流。

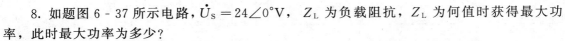

题图 6 - 35

7. 如题图 6 - 36 所示电路，问阻抗 Z_L 为多大时获得最大功率？此最大功率为多少？

8. 如题图 6 - 37 所示电路，$\dot{U}_S = 24\angle 0°V$，Z_L 为负载阻抗，Z_L 为何值时获得最大功率，此时最大功率为多少？

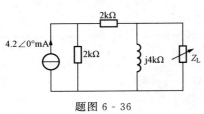
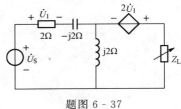

题图 6 - 36 　　　　　　　　　　题图 6 - 37

课题四 正弦稳态电路的谐振

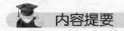 内容提要

1 谐振定义

如图 6-1 所示电路，含有 R、L、C 的无源一端口 N_0，在特定条件下（合适的电源频率或电路元件参数）出现端口电压、电流同相位的现象时，称电路发生了谐振。谐振时

$$Z = \frac{\dot{U}}{\dot{I}} = R$$

电路呈现纯阻性，阻抗角 $\varphi_Z = 0$。

2 *RLC* 串联谐振电路和 *GLC* 并联谐振电路

RLC 串联谐振电路和 *GLC* 并联谐振电路是常见的典型的谐振电路，可以看作是一对对偶电路。表 6-5 对两种谐振作了比较。

表 6-5   *RLC* 串联谐振电路和 *GLC* 并联谐振电路比较

项目类别		*RLC* 串联谐振	*GLC* 并联谐振
电路模型		RLC串联谐振电路图	GLC并联谐振电路图
输入阻抗或导纳		$Z = R + \mathrm{j}\left(\omega L - \dfrac{1}{\omega C}\right)$	$Y = G + \mathrm{j}\left(\dfrac{1}{\omega L} - \omega C\right)$
谐振条件		$\mathrm{Im}[Z] = \omega_0 L - \dfrac{1}{\omega_0 C} = 0$ $$\omega_0 = \frac{1}{\sqrt{LC}}$$	$\mathrm{Im}[Y] = -\dfrac{1}{\omega_0 L} + \omega_0 C = 0$ $$\omega_0 = \frac{1}{\sqrt{LC}}$$
谐振时 $\|Z\|$ 或 $\|Y\|$		阻抗的模最小 $$\|Z_0\| = R$$	导纳的模最小 $$\|Y_0\| = G$$
谐振特点	电流特点	U_S 一定，电流有效值最大 $$I_0 = \frac{U_S}{\|Z_0\|} = \frac{U_S}{R}$$	$\dot{I}_{G0} = \dot{I}_S$，$\dot{I}_{L0} = -\mathrm{j}Q\dot{I}_S$，$\dot{I}_{C0} = \mathrm{j}Q\dot{I}_S$。$\dot{I}_{B0} = \dot{I}_{L0} + \dot{I}_{C0} = 0$，并联谐振又称电流谐振

项目类别		RLC 串联谐振	GLC 并联谐振
谐振特点	固有参数	$\omega_0 = \dfrac{1}{\sqrt{LC}}$, $\rho = \omega_0 L = \dfrac{1}{\omega_0 C}$, $Q = \dfrac{\rho}{R} = \dfrac{\omega_0 L}{R} = \dfrac{1}{\omega_0 CR} = \dfrac{1}{R}\sqrt{\dfrac{L}{C}}$	$\omega_0 = \dfrac{1}{\sqrt{LC}}$, $\rho = \omega_0 L = \dfrac{1}{\omega_0 C}$, $Q = \dfrac{1}{\rho G} = \dfrac{\omega_0 C}{G} = \dfrac{1}{\omega_0 LG} = \dfrac{1}{G}\sqrt{\dfrac{C}{L}}$
	电压特点	$\dot{U}_{R0} = \dot{U}_S$ $\dot{U}_{L0} = jQ\dot{U}_S$　$\dot{U}_{C0} = -jQ\dot{U}_S$ $\dot{U}_{X0} = \dot{U}_{L0} + \dot{U}_{C0} = 0$ 串联谐振又称电压谐振	I_S 一定，电压有效值最大 $U_0 = \dfrac{I_S}{|Y_0|} = \dfrac{I_S}{G}$
	功率和能量	有功功率最大，无功功率为零，能量为常数，即 $P_0 = U_S I_0 = I_0^2 R = \dfrac{U_S^2}{R}$ $Q_0 = Q_{L0} + Q_{C0} = 0$ $Q_{L0} = I_0^2 \omega_0 L$, $Q_{C0} = -\dfrac{I_0^2}{\omega_0 C}$ $W_0 = W_{L0} + W_{C0} = CQ^2 U_S^2$	有功功率最大，无功功率为零，能量是常数，即 $P_0 = U_0 I_{G0} = U_0^2 G$ $Q_0 = Q_{L0} + Q_{C0} = 0$ $Q_{L0} = \dfrac{U_0^2}{\omega_0 L}$, $Q_{C0} = -\omega_0 CU_0^2$ $W_0 = W_{L0} + W_{C0} = LQ^2 I_S^2$
	通频带带宽	$BW = \omega_2 - \omega_1 = \dfrac{\omega_0}{Q} = \dfrac{R}{L}$ $BW = f_2 - f_1 = \dfrac{f_0}{Q} = \dfrac{R}{2\pi L}$	$BW = \dfrac{\omega_0}{Q} = \dfrac{G}{C}$ $BW = \dfrac{f_0}{Q} = \dfrac{G}{2\pi C}$
等效电路		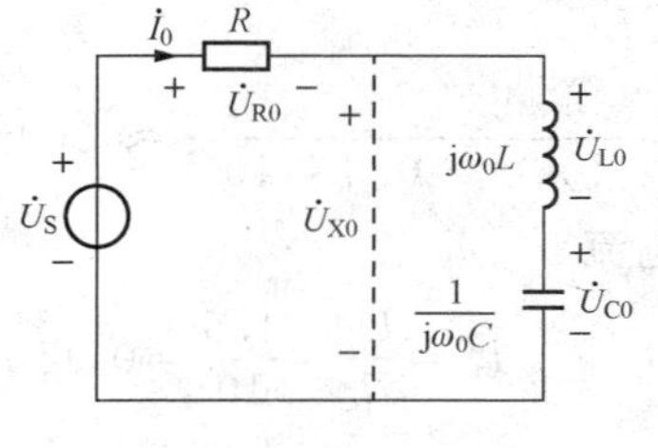	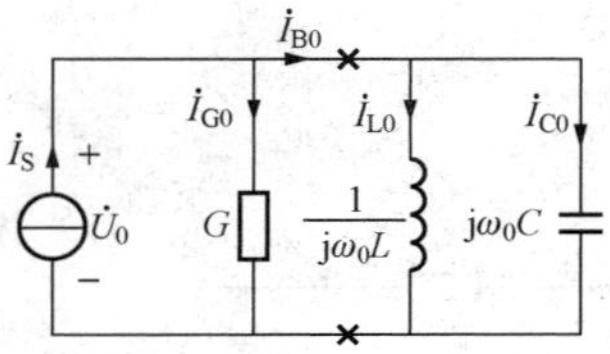
相量图		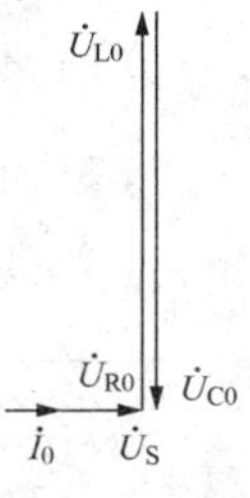	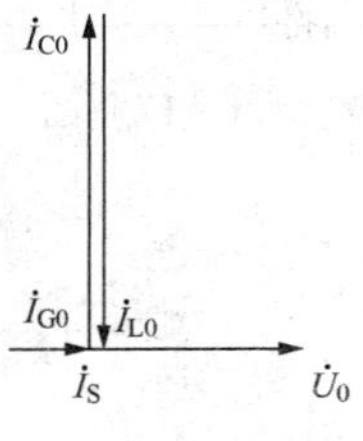

3　电感线圈与电容器并联谐振电路

工程中常采用电感线圈与电容元件并联组成谐振电路，如图 6-20（a）所示。

当 $\omega_0 = \sqrt{\dfrac{1}{LC} - \left(\dfrac{R}{L}\right)^2}$ 时，并联电路发生谐振。在谐振频率附近有 $R \ll \omega_0 L$，电路可以

用 $G_{eq}LC$ 并联谐振电路等效，如图 6-20（b）所示。其中 $G_{eq}=\dfrac{CR}{L}$。此时

$$\omega_0 \approx \sqrt{\frac{1}{LC}}$$

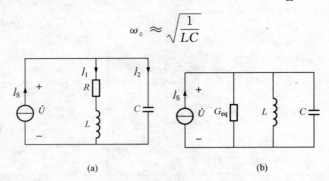

$$\text{（a）} \qquad\qquad\qquad \text{（b）}$$

图 6-20　实际并联谐振电路及其等效电路

并联谐振时输入阻抗很大，$Z_0 \approx \dfrac{L}{RC}$；端电压很高，$U=I_S|Z_0|$；支路电流均为电源电流的 Q 倍。

典型例题

【例 6-17】 某收音机的输入电路如图 6-21 所示，$L=0.3\text{mH}$，$R=10\Omega$，为收到中央电台 560kHz 信号，求：（1）调谐电容 C 值；（2）如果输入电压为 $1.5\mu\text{V}$，求谐振电流和此时的电容电压。

解 （1）由串联谐振的角频率 $\omega_0=\dfrac{1}{\sqrt{LC}}=2\pi f_0=1120\pi\text{krad/s}$，得

$$C=\frac{1}{\omega_0^2 L}=\frac{1}{(1120\pi \times 10^3)^2 \times 0.3 \times 10^{-3}} \approx 269\text{pF}$$

（2）谐振电流

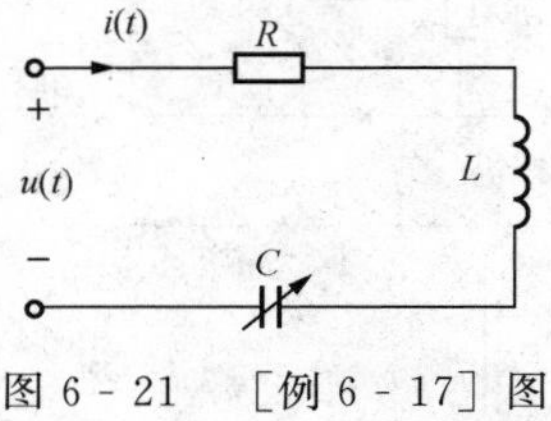

$$I_0=\frac{U}{R}=\frac{1.5}{10}=0.15\mu\text{A}$$

电容电压

$$U_{C0}=U_{L0}=I_0\omega_0 L=0.15 \times 1120\pi \times 10^3 \times 0.3 \times 10^{-3}$$
$$\approx 158\mu\text{V}$$

图 6-21　[例 6-17] 图

或者

$$U_{C0}=I_0\frac{1}{\omega_0 C}=0.15 \times \frac{1}{1120\pi \times 10^3 \times 269 \times 10^{-12}} \approx 158\mu\text{V}$$

或者

$$U_{C0}=QU=\frac{\omega_0 L}{R}U=\frac{1120\pi \times 10^3 \times 0.3 \times 10^{-3}}{10} \times 1.5 \approx 158\mu\text{V}$$

【解题指导与点评】 本题的考点是串联谐振的特点。串联谐振时，谐振角频率为 $\omega_0=\dfrac{1}{\sqrt{LC}}$，品质因数 $Q=\dfrac{\omega_0 L}{R}=\dfrac{1}{\omega_0 CR}$；因阻抗模最小，因此电流有效值最大；电阻两端电压等

于电源电压，而电感、电容两端电压的相量和为零，有效值均为电源电压的 Q 倍。电感、电容串联相当于短路，串联谐振又称电压谐振。

【例 6 - 18】　如图 6 - 22 所示电路中，$i_S = \sqrt{2}\sin(5000t + 30°)$A，当电容 $C = 20\mu F$ 时电路吸收的功率 P 达到最大值，$P_{max} = 50W$。求 R、L 及流过各元件电流的瞬时值表达式。

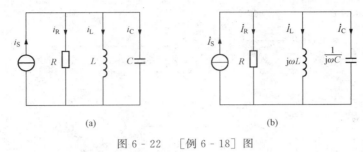

图 6 - 22　　［例 6 - 18］图

解　画出电路的相量模型，如图 6 - 22（b）所示。

$$\dot{I}_S = 1\angle 30°A$$

由并联谐振的功率特点：并联谐振时有功功率最大，可判断电路发生并联谐振，且谐振角频率和最大功率分别为

$$\omega_0 = 5000\text{rad/s},\ P_0 = P_{max} = 50\text{W}$$

由 $\omega_0 = \dfrac{1}{\sqrt{LC}}$，得

$$L = \frac{1}{\omega_0^2 C} = \frac{1}{5000^2 \times 20 \times 10^{-6}} = 2\text{mH}$$

并联谐振时，$\dot{I}_R = \dot{I}_S = 1\angle 30°$A，由 $P_0 = I_R^2 R = I_S^2 R = 50$W，得

$$R = \frac{P_0}{I_S^2} = \frac{50}{1^2} = 50\Omega$$

品质因数

$$Q = \frac{\omega_0 C}{1/R} = \frac{5000 \times 20 \times 10^{-6}}{1/50} = 5$$

所以

$$\dot{I}_L = -jQ\dot{I}_S = 5\angle -60°A$$

$$\dot{I}_C = jQ\dot{I}_S = 5\angle 120°A$$

各元件电流的瞬时值表达式为

$$i_R = \sqrt{2}\sin(5000t + 30°)A$$

$$i_L = 5\sqrt{2}\sin(5000t - 60°)A$$

$$i_C = 5\sqrt{2}\sin(5000t + 120°)A$$

【解题指导与点评】　本题的考点是并联谐振的特点。RLC 并联谐振时，电阻上的电流等于电流源电流，即 $\dot{I}_R = \dot{I}_S$；电感电流 $\dot{I}_L = -jQ\dot{I}_S$、电容电流 $\dot{I}_C = jQ\dot{I}_S$，二者反相，和为零，因此并联谐振又称为电流谐振。并联谐振时，有功功率最大，无功功率为零，能量为

常量。

【例 6 - 19】　如图 6 - 23 所示电路，判断各电路是否发生谐振，并求出各谐振角频率。

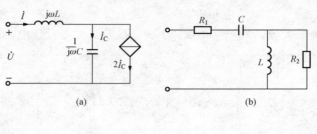

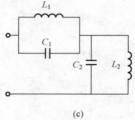

图 6 - 23　［例 6 - 19］图

解　（1）图 6 - 23（a）所示电路中，由电路定律的相量形式，有

$$\dot{U} = \mathrm{j}\omega L \dot{I} + \frac{1}{\mathrm{j}\omega C}\dot{I}_{\mathrm{C}}$$

$$\dot{I} = \dot{I}_{\mathrm{C}} + 2\dot{I}_{\mathrm{C}}$$

整理得

$$\dot{U} = \mathrm{j}\left(\omega L - \frac{1}{3\omega C}\right)\dot{I}$$

则电路的输入阻抗

$$Z_{\mathrm{in}} = \frac{\dot{U}}{\dot{I}} = \mathrm{j}\left(\omega L - \frac{1}{3\omega C}\right)$$

当满足 $\mathrm{Im}[Z_{\mathrm{in}}]=0$，即 $\omega L = \dfrac{1}{3\omega C}$ 时，电路发生串联谐振。谐振角频率

$$\omega_0 = \frac{1}{\sqrt{3LC}}$$

（2）图 6 - 23（b）所示电路中，电路的阻抗

$$Z = R_1 + \frac{1}{\mathrm{j}\omega C} + \frac{R_2 \times \mathrm{j}\omega L}{R_2 + \mathrm{j}\omega L} = R_1 + \frac{R_2(\omega L)^2}{R_2^2 + (\omega L)^2} + \mathrm{j}\left[\frac{R_2^2 \omega L}{R_2^2 + (\omega L)^2} - \frac{1}{\omega C}\right]$$

当满足 $\mathrm{Im}[Z]=0$，即 $\dfrac{R_2^2 \omega L}{R_2^2 + (\omega L)^2} - \dfrac{1}{LC} = 0$ 时，可得谐振角频率

$$\omega_0 = \frac{1}{\sqrt{LC - \left(\dfrac{L}{R_2}\right)^2}}$$

只有 $LC-\left(\dfrac{L}{R_2}\right)^2>0$，即 $R_2>\sqrt{\dfrac{L}{C}}$ 时，电路才可能发生串联谐振。

（3）图 6-23（c）所示电路中，电路的阻抗

$$Z=\frac{\mathrm{j}\omega L_1\times\dfrac{1}{\mathrm{j}\omega C_1}}{\mathrm{j}\omega L_1+\dfrac{1}{\mathrm{j}\omega C_1}}+\frac{\mathrm{j}\omega L_2\times\dfrac{1}{\mathrm{j}\omega C_2}}{\mathrm{j}\omega L_2+\dfrac{1}{\mathrm{j}\omega C_2}}=-\mathrm{j}\left(\frac{\dfrac{L_1}{C_1}}{\omega L_1-\dfrac{1}{\omega C_1}}+\frac{\dfrac{L_2}{C_2}}{\omega L_2-\dfrac{1}{\omega C_2}}\right)$$

$$=-\mathrm{j}\,\frac{\dfrac{L_1L_2(C_1+C_2)\omega}{C_1C_2}-\dfrac{L_1+L_2}{\omega C_1C_2}}{\left(\omega L_1-\dfrac{1}{\omega C_1}\right)\left(\omega L_2-\dfrac{1}{\omega C_2}\right)}$$

当 $\mathrm{Im}[Z]=0$，即 $\dfrac{L_1L_2(C_1+C_2)\omega}{C_1C_2}-\dfrac{L_1+L_2}{\omega C_1C_2}=0$ 时，电路发生串联谐振，且谐振角频率为

$$\omega_{01}=\sqrt{\frac{L_1+L_2}{L_1L_2(C_1+C_2)}}$$

当 $\mathrm{Im}[Z]=\infty$，即 $\left(\omega L_1-\dfrac{1}{\omega C_1}\right)\left(\omega L_2-\dfrac{1}{\omega C_2}\right)=0$ 时，电路发生并联谐振，且谐振角频率为

$$\omega_{02}=\frac{1}{\sqrt{L_1C_1}},\qquad \omega_{03}=\frac{1}{\sqrt{L_2C_2}}$$

即当 $\omega=\omega_{01}=\sqrt{\dfrac{L_1+L_2}{L_1L_2(C_1+C_2)}}$ 时电路发生串联谐振；当 $\omega=\omega_{02}=\dfrac{1}{\sqrt{L_1C_1}}$ 时，L_1、C_1 发生并联谐振；当 $\omega=\omega_{03}=\dfrac{1}{\sqrt{L_2C_2}}$ 时，L_2、C_2 发生并联谐振。

【解题指导与点评】 本题的考点是谐振的定义和谐振发生的条件。当电路电压、电流同相时，发生谐振，此时电路呈现纯阻性。当电路等效阻抗的虚部为零时，电路发生串联谐振，当阻抗的虚部为无穷或者等效导纳的虚部为零时，电路发生并联谐振。如果电路由 n 个不同的纯电抗元件组成，将会在 $n-1$ 个角频率发生谐振，即有 $n-1$ 个谐振角频率。

【例 6-20】 如图 6-24 所示电路处于谐振状态，谐振角频率 $\omega_0=10^4\,\mathrm{rad/s}$，$\dot{U}_{\mathrm{S}}=10\angle0°\mathrm{V}$。试求电容 C 的值和电流 $\dot{I}_1$、$\dot{I}_2$、$\dot{I}_\mathrm{L}$ 和 $\dot{I}_\mathrm{C}$。

解 根据已知条件和电路结构特点，电路中电感、电容发生并联谐振，谐振角频率 $\omega_0=\dfrac{1}{\sqrt{LC}}=10^4\,\mathrm{rad/s}$，则电容

$$C=\frac{1}{\omega_0^2L}=\frac{1}{\omega_0\,\omega_0L}=\frac{1}{10^4\times100}=1\mu\mathrm{F}$$

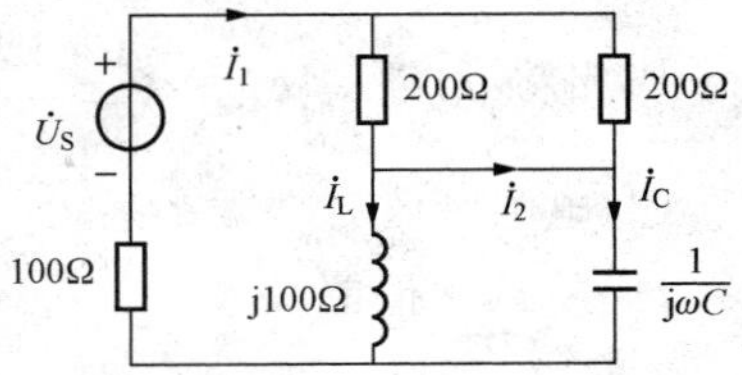

根据并联谐振的特点，可得

$$\dot{I}_1=0$$

因此各电阻的电流为零，且电感电压等于 $\dot{U}_\mathrm{S}=10\angle0°\mathrm{V}$，方向向下，则电流

图 6-24 ［例 6-20］图

$$\dot{I}_L = \frac{\dot{U}_S}{j100} = \frac{10\angle 0°}{j100} = 0.1\angle -90°A$$

$$\dot{I}_2 = \dot{I}_C = -\dot{I}_L = 0.1\angle 90°A$$

【解题指导与点评】　本题的考点是并联谐振的特点。LC 并联谐振时，两支路电流有效值相同，相位反相，相量和为零，因此并联谐振又称为电流谐振。谐振角频率为 $\omega_0 = \frac{1}{\sqrt{LC}}$。

【例 6-21】　如图 6-25 所示电路，已知 $U_S = 100V$，电路在 $\omega = \omega_0 = 10^3\,\mathrm{rad/s}$ 时发生谐振。试求电感 L 的值和电流 I。

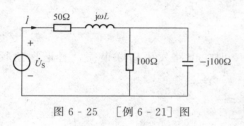

图 6-25　[例 6-21] 图

解　电路的阻抗

$$Z = 50 + j\omega L + \frac{100 \times (-j100)}{100 + (-j100)}$$

$$= 100 + j(\omega L - 50)\,\Omega$$

当 $\mathrm{Im}[Z] = 0$，即 $\omega L - 50 = 0$ 时，电路发生串联谐振，谐振角频率

$$\omega_0 = \frac{50}{L} = 10^3\,\mathrm{rad/s}$$

所以

$$L = \frac{50}{\omega_0} = \frac{50}{10^3} = 50\,\mathrm{mH}$$

谐振时电流

$$I = \frac{U_S}{|Z|} = \frac{100}{100} = 1A$$

【解题指导与点评】　本题的考点是串联谐振的条件和特点。阻抗虚部为零时，电路发生串联谐振。谐振时，阻抗的模值最小，电流有效值最大。

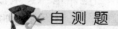 自测题

一、选择题

1. RLC 串联电路发生串联谐振时，下列说法不正确的是（　　）。

A. 端电压一定的情况下，电流为最大值

B. 谐振角频率 $\omega_0 = \frac{1}{\sqrt{LC}}$

C. 电阻吸收有功功率最大

D. 阻抗的模值最大

2. RLC 串联电路在 f_0 时发生谐振。当电源频率增加到 $2f_0$ 时，电路性质呈（　　）。

A. 电阻性　　　　　　　　　　B. 感性

C. 容性　　　　　　　　　　　D. 视电路元件参数而定

3. 若 RLC 串联电路的电容增至原来的 4 倍，则谐振角频率为原来的（　　）。

A. 4 倍　　　　　B. 2 倍　　　　　C. 0.5 倍　　　　　D. 0.25 倍

4. 下面关于 RLC 串联谐振电路品质因数的说法中，不正确的是 （　　）。

A. 品质因数越高，电路的选择性越好

B. 品质因数高的电路对非谐振频率的电流具有较强的抵制能力

C. 品质因数等于谐振频率与带宽之比

D. 品质因数等于特性感抗电压有效值与特性容抗电压有效值之比

5. RLC 串联谐振电路品质因数 $Q=100$，若 $U_R=10V$，则电源电压 U_S、电容两端电压 U_C 分别为 （　　）。

A. 10V、1000V　　　　　　　　　　　B. 1000V、10V

C. 100V、1000V　　　　　　　　　　D. 1000V、100V

6. RLC 串联电路、RLC 并联电路、RL 串联后与 C 并联，三种情况电路谐振时的输入阻抗分别为 （　　）。

A. R、0、R　　　　　　　　　　　　B. R、R、$\dfrac{L}{RC}$

C. R、∞、$\dfrac{L}{RC}$　　　　　　　　D. R、$\dfrac{L}{RC}$、∞

7. 如题图 6 - 37 所示，$\dot{U}_S$ 保持不变，发生串联谐振的条件为 （　　）。

A. $LC=1$　　　　　　　　　　　　　B. $j\omega L=\dfrac{1}{j\omega C}$

C. $\omega L=\dfrac{1}{\omega C}$　　　　　　　　　　D. $R+j\omega L+\dfrac{1}{j\omega C}=0$

8. 如题图 6 - 38 所示，$\dot{U}_S$ 保持不变，发生串联谐振时出现的情况为 （　　）。

A. $\dot{U}_C=\dot{U}_L$　　　　B. $\dot{U}_C=-\dot{U}_L$　　　　C. $\dot{U}_S\neq\dot{U}_R$　　　　D. $\dot{U}_C=j\dot{U}_L$

9. 如题图 6 - 39 所示，$\dot{I}_S$ 保持不变，发生并联谐振的条件为 （　　）。

A. $LC=1$　　　　　　　　　　　　　B. $\dfrac{1}{j\omega L}=j\omega C$

C. $\omega C=\dfrac{1}{\omega L}$　　　　　　　　　　D. $G+\dfrac{1}{j\omega L}+j\omega C=0$

10. 如题图 6 - 39 所示，$\dot{I}_S$ 保持不变，发生并联谐振时出现的情况为 （　　）。

A. $\dot{I}_C=\dot{I}_L$　　　　B. $\dot{I}_C=-\dot{I}_L$　　　　C. $\dot{I}_S\neq\dot{I}_G$　　　　D. 以上皆非

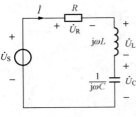

题图 6 - 38

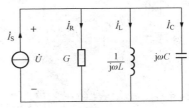

题图 6 - 39

11. 如题图 6 - 40 所示，已知谐振时 $I_S=3A$，$I_2=4A$，则 I_1 等于 （　　）。

A. 5A　　　　　　　B. 7A　　　　　　　C. 1A　　　　　　　D. 不能确定

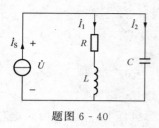

题图 6 - 40

12. 如题图 6 - 40 所示，当电源频率改变时，判断是否发生并联谐振的根据是（　　　）。

A. 电源频率等于 $\dfrac{1}{2\pi\sqrt{LC}}$

B. 电感支路电流达到最大

C. 电流源两端电压达到最大

D. 电流源电流与端电压同相

二、填空题

1. 在含有 L、C 的电路中，出现总电压、电流同相位的现象，这种现象称为_____。

2. GLC 并联谐振电路谐振时的阻抗 $Z =$ _____。

3. GLC 并联电路，$\dot{I}_s$ 保持不变，发生并联谐振的条件为_____。

4. 品质因数越_____，电路的选择性越好，但不能无限制地加大品质因数，否则将造成_____变窄，致使接收信号失真。

5. 在含有 L、C 的电路中，出现总电压、电流同相位，这种现象若发生在串联电路中，则电路中的阻抗_____，电压一定时电流_____。

6. 某 RLC 串联谐振电路，已知 $R=10\Omega$，$L=0.1\text{H}$，$C=0.1\mu\text{F}$，则电路的谐振角频率 $\omega_0 =$ _____、特性阻抗 $\rho =$ _____和品质因数 $Q =$ _____。

三、计算题

1. 串联谐振电路如题图 6 - 41 所示，已知参数 $R=1\Omega$，$L=0.01\text{H}$，$C=1\mu\text{F}$，外加电压 $U=5\text{mV}$。试求电路在谐振时的谐振角频率 ω_0、电流 I_0、品质因数 Q 及电感、电容上的电压 U_{L0}、U_{C0}。

2. 串联谐振电路如题图 6 - 41 所示，已知谐振频率 $f_0 =700\text{kHz}$，电容 $C=2000\text{pF}$，通频带带宽 $BW=10\text{kHz}$，试求电路电阻 R 及品质因数 Q。

3. 如题图 6 - 42 所示串联谐振电路中，已知 $\dot{U}_s=5\angle 20°\text{V}$，$R=4\Omega$，$L=40\text{mH}$，$C=0.25\mu\text{F}$。求：（1）谐振频率 ω_0，品质因数 Q；（2）谐振时电路中的电流 I_0 及电容两端的电压 U_{C0}。

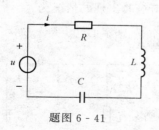

题图 6 - 41

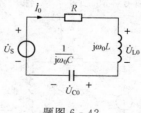

题图 6 - 42

4. 如题图 6 - 43 所示 RLC 串联电路中，已知端电压 $u=5\sqrt{2}\cos(2500t)\text{V}$，当电容 $C=10\mu\text{F}$ 时电路吸收的功率 P 达到最大值，$P_{\max}=150\text{W}$。求 R、L、Q 的值。

5. 如题图 6 - 44 所示 RLC 串联电路，电容 C 可调，电源电压 $U=10\text{V}$，角频率 3000rad/s，调节电容使电路达到谐振，此时测得电流 $I_0=0.1\text{A}$，电容电压 $U_{\text{C0}}=200\text{V}$。试求 R、L、C 和 Q 的值。

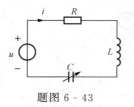

题图 6 - 43

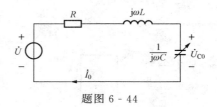

题图 6 - 44

6. 如题图 6 - 45 所示并联谐振电路中，已知 $R = 10\Omega$，$L = 250\mu H$，调节 C 使电路在 $f = 10^4 Hz$ 时谐振。求谐振时的电容 C 及输入阻抗 Z_{in}。

7. 如题图 6 - 46 所示电路发生谐振时，电流表读数为 0.3A，电压表读数为 20V，功率表读数为 8W。求 R、L 和 C（设 $\omega = 314 rad/s$）。

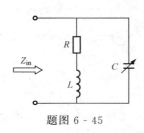

题图 6 - 45

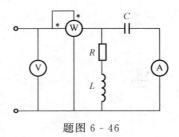

题图 6 - 46

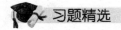 习题精选

一、选择题

1. 电路如题图 6 - 47 所示，已知：$u(t) = 30\cos(2t)V$，$i(t) = 5\cos(2t)A$，那么网络 N_0 的最简单的串联组合元件值为（　　）。（北京化工大学 2005 年攻读硕士学位研究生入学考试试题）

　A. $R = 3\Omega$，$C = \dfrac{1}{8}F$　　　　　　B. $R = 3\Omega$，$C = 8F$

　C. $R = 2\Omega$，$L = 2H$　　　　　　　D. 以上皆非

2. 如题图 6 - 48 所示正弦交流电路中，1—1′端加以正弦电压 $U_s = 100V$。2—2′端开路时，图中电压表 (V₁) 和 (V₂) 的示数均为 50V；当 2—2′端接一个 $\omega L = 50\Omega$ 的电感时，电压表 (V₁) 的示数为 150V，(V₂) 的示数为 50V，则图中（复）阻抗 Z_1、Z_2 等于（　　）。（河北工业大学 2004 年攻读硕士学位研究生入学考试试题）

　A. $Z_1 = Z_2 = 100\angle 0°\Omega$　　　　B. $Z_1 = Z_2 = j200\Omega$

　C. $Z_1 = Z_2 = j100\Omega$　　　　　　D. $Z_1 = Z_2 = -j200\Omega$

3. 如题图 6 - 49 正弦稳态电路中，电流表 (A₁) 的示数为 5A，电流表 (A₂) 的示数为 4A，则电流表 (A₃) 的示数为（　　）。（河北工业大学 2008 年攻读硕士学位研究生入学考试试题）

　A. 1A　　　　　　B. 3A　　　　　　C. 9A　　　　　　D. 2A

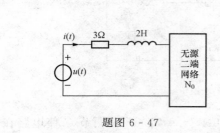

题图 6 - 47

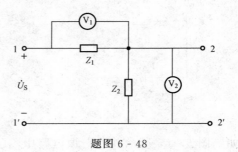

题图 6 - 48

4. 题图 6 - 50 所示电路，电压 $\dot{U}$ 保持不变，当开关 S 闭合时，安培表的指示数（有效值）将（　　）。（北京化工大学 2005 年攻读硕士学位研究生入学考试试题）

A. 增加　　　　　　B. 不变　　　　　　C. 减小为零　　　　　D. 不能确定

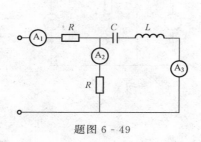

题图 6 - 49

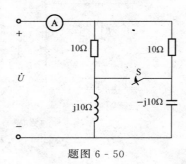

题图 6 - 50

5. 题图 6 - 51 所示电路中，已知 $u(t)=160\sin(2t+10°)$V，$i(t)=7.5\sin(2t-20°)$A，$C=3906\mu$F，则网络 N 所吸收的无功功率为（　　）。（河北工业大学 2007 年攻读硕士学位研究生入学考试试题）

A. 100var　　　　　B. 200var　　　　　C. 300var　　　　　D. 400var

6. 题图 6 - 52 所示电路中，已知 $u(t)=160\sin(2t+40°)$V，$i(t)=5\sin(2t-20°)$A，则网络 N 所吸收的有功功率为（　　）。（河北工业大学 2010 年攻读硕士学位研究生入学考试试题）

A. 500W　　　　　B. 300W　　　　　C. 200W　　　　　D. 100W

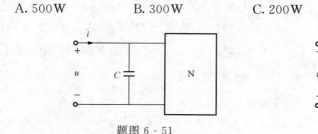

题图 6 - 51

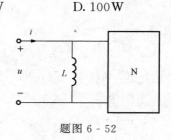

题图 6 - 52

7. 如题图 6 - 53 所示电路，已知各电流有效值 $I_R=5$A，$I_L=3$A，$I_C=8$A，$Z=(2+j2)\Omega$，电路消耗的总功率为 200W，则总的电压有效值为（　　）。（东南大学 2004 年攻读硕士学位研究生入学考试试题）

A. 40V　　　　　　B. 20V　　　　　　C. 20$\sqrt{2}$ V　　　　　　D. 0V

8. 题图 6 - 54 所示电路中，电容的作用是提高电路的功率因数。若去掉 C，则电流表读数、电路的总有功功率、视在功率分别（　　）。（华南理工大学 2005 年攻读硕士学位研究生入学考试试题）

A. 变大，不变，变大　　　　　　B. 变小，变大，不变

C. 变大，变小，不变　　　　　　D. 变小，变小，变小

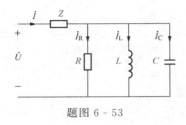　　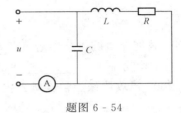

题图 6 - 53　　　　　　　　　　　　题图 6 - 54

9. RLC 串联谐振电路达到谐振时，以下论述中正确的是 $\left(Q > \dfrac{1}{\sqrt{2}} 时\right)$（　　）。（河北工业大学 2003 年攻读硕士学位研究生入学考试试题）

A. 电容两端电压达最大值　　　　　　B. 电感两端电压达最大值

C. 电阻两端电压达最大值　　　　　　D. 以上三个电压均达最大值

二、填空题

1. 题图 6 - 55 所示电路中，右图是它的图 G，以 {1，2，3} 为树，其回路电流方程式（以连支的方向为回路电流的方向）为 _____ 。（河北工业大学 2003 年攻读硕士学位研究生入学考试试题）

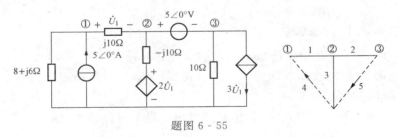

题图 6 - 55

2. 题图 6 - 56 所示正弦交流电路中，若 a、b 端的戴维南等效阻抗 $Z_0 = -j2\Omega$，则图中压控流源的控制系数 $g =$ _____。（河北工业大学 2004 年攻读硕士学位研究生入学考试试题）

3. 如题图 6 - 57 所示正弦稳态电路中，所有仪表均为交流电表，且 $R_1 = 5\Omega$，$R_2 = 15\Omega$，$R_3 = 20\Omega$，电压表 Ⓥ 的示数为 15V，电压表 Ⓥ2 的示数为 80V，电流表 Ⓐ2 的示数为 5A，则电流表 Ⓐ3 的示数为 _____ A，电流表 Ⓐ 的示数为 _____ A。（东南大学 2011 年攻读硕士学位研究生入学考试试题）

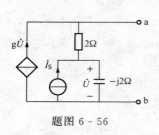

题图 6 - 56

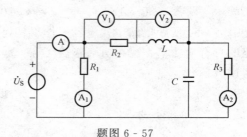

题图 6 - 57

4. 接到正弦交流电路中某电容元件的电容值为 C，加在其两端的电压为 U，在一周期内它所吸收的平均功率 $P=$ _____ W。如果把电容换成电感 L，则 $P=$ _____ W。（华南理工大学 2006 年攻读硕士学位研究生入学考试试题）

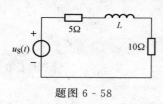

题图 6 - 58

5. 题图 6 - 58 所示电路中，已知 $u_S=60\cos(\omega t)$V，5Ω 电阻上消耗的功率为 20W，则电路的总功率因数为 _____；电路中的无功功率为 _____；10Ω 电阻上消耗的功率为 _____；感抗 X_L 为 _____；电源 u_S 发出的复功率为 _____。（华南理工大学 2009 年攻读硕士学位研究生入学考试试题）

6. 一个简单的正弦交流电路由电压源 $u_S=311\sin(100t)$V 及其内阻 R_0 和负载电阻 $R_L=22\Omega$ 构成，求得 $R_0=$ _____ Ω 时，电压源供给负载的最大功率为 $P_{max}=$ _____。（华南理工大学 2006 年攻读硕士学位研究生入学考试试题）

7. 在 RLC 串联交流电路中，已知电感值 $L=1$H，电容值 $C=1$F，则该电路发生谐振的频率为 $f_0=$ _____ Hz。（华南理工大学 2006 年攻读硕士学位研究生入学考试试题）

8. RLC 串联电路中，电源 $u_S=8\sqrt{2}\cos(1000t+45°)$V。当 $C=20\mu$F 时，电流达到最大值，其值为 $I_{max}=2$A。则电阻 $R=$ _____，电感 $L=$ _____。（河北工业大学 2008 年攻读硕士学位研究生入学考试试题）

9. 题图 6 - 59 所示电路中，已知 $u=400\sqrt{2}\cos(100t-30°)$V，$i=22\cos(100t-30°)$A，$C=50\mu$F，则电阻 R 和电感 L 分别为 _____ 和 _____。（华南理工大学 2007 年攻读硕士学位研究生入学考试试题）

10. 题图 6 - 60 所示电路由正弦电流源供电，已知 $I_S=1$A，$R_1=R_2=100\Omega$，$L=0.2$H，当 $\omega_0=1000$rad/s 时，电路发生谐振，这时电容 C 的值为 _____。（华南理工大学 2010 年攻读硕士学位研究生入学考试试题）

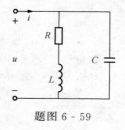

题图 6 - 59

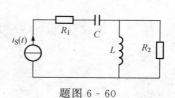

题图 6 - 60

三、判断题

1. 在荧光灯电路两端并联一个电容，可以提高功率因数，但灯管亮度变暗。（重庆大学 2012 年攻读硕士学位研究生入学考试试题）　　　　　　　　　　　（　　）

2. 在串联谐振电路中，品质因数 Q 越低，通频带越宽。（重庆大学 2012 年攻读硕士学位研究生入学考试试题）　　　　　　　　　　　　　　　　　（　　）

四、计算题

1. 题图 6 - 61 中，已知 $\dot{U}_S = 120\angle 0°\text{V}$，$Z_C = -\text{j}120\Omega$，$Z_L = \text{j}60\Omega$，$R = 60\Omega$，求 $\dot{I} = ?$（北京理工大学 1992 年攻读硕士学位研究生入学考试试题）

2. 题图 6 - 62 所示正弦稳态电路，已知 $i_S(t) = 0.01\sqrt{2}\cos(1000t)\text{A}$，电压表 $\textcircled{V}$ 的示数为 2V，电流表 $\textcircled{A_1}$ 的示数为 0，电流表 $\textcircled{A_2}$ 的示数为 0.01A。求 R、L、C 的值及电流 $i_L(t)$。（北京科技大学 2010 年攻读硕士学位研究生入学考试试题）

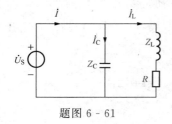
题图 6 - 61

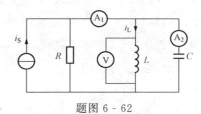
题图 6 - 62

3. 题图 6 - 63 所示电路中，已知 $\dot{U}_S = 6\angle 0°\text{V}$，$\omega = 2\text{rad/s}$，电路的有功功率 $P = 24\text{W}$，电源的功率因数 $\lambda = 0.8$，且 $\dot{U}_S$ 与 $\dot{I}_L$ 同相，画出该电路的相量图，并确定 R、L、C 的值。（重庆大学 2011 年硕士研究生入学考试试题）

4. 在题图 6 - 64 所示电路中，已知 $u_{ab}(t) = 10\cos(\omega t + 60°)\text{V}$，$u_C(t) = 5\cos(\omega t - 30°)\text{V}$，$\omega = 10^3\text{rad/s}$，$X_C = -10\Omega$，试求无源二端网络的阻抗 Z 和它消耗的功率。（2010 年重庆大学考研初试试题）

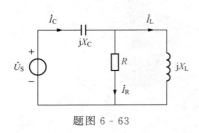
题图 6 - 63

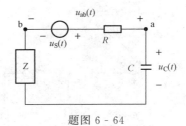
题图 6 - 64

5. 题图 6 - 65 所示正弦交流电路中，已知有效值 $U_R = U_L = 100\text{V}$，功率表读数为 50W，求各支路电流有效值 I_1、I_2、I 及参数 R、X_L。（重庆大学 2012 年研究生入学考试试题）

6. 试求题图 6 - 66 所示正弦交流电路中电压源 $\dot{U}_S$ 发出的有功功率 P。（东南大学 2005 年攻读硕士学位研究生入学考试试题）

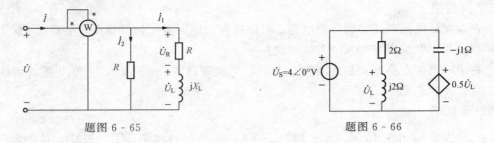

题图 6 - 65　　　　　　　　　　　题图 6 - 66

7. 电路如题图 6 - 67 所示，外加正弦交流电压 $\dot{U}$，已知电压有效值 $U=10\text{V}$，$R_1=R_2=10\Omega$，移动触点 D，当伏特表示数最小时，此时，$R_3=2\Omega$，$U_{DB}=3\text{V}$，求 R_4、X_C 分别为多少？（浙江大学 2008 年攻读硕士学位研究生入学考试试题）

8. 题图 6 - 68 所示为正弦交流电路，已知：$u(t)=200\sqrt{2}\sin(\omega t)\text{V}$，$R=10\Omega$，电流表 Ⓐ₁的示数（有效值）为 20A，电流表 Ⓐ₂的示数（有效值）为 10A，电路是感性的。试求：(1) 电流表 Ⓐ的示数；(2) 电路的平均功率 P 和功率因数 $\cos\varphi$；(3) 画出各电压、电流的相量图。（北京化工大学 2008 年攻读硕士学位研究生入学考试试题）

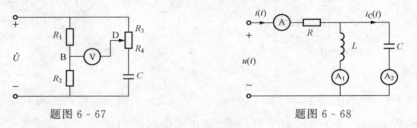

题图 6 - 67　　　　　　　　　　题图 6 - 68

9. 题图 6 - 69 所示电路中，已知：$\dot{I}_1=1\angle 0°\text{A}$，求：(1) 计算 a、b 端网络的有功功率和无功功率；(2) 画出电路的电压、电流相量图。（北京化工大学 2009 年攻读硕士学位研究生入学考试试题）

10. 题图 6 - 70 所示电路，$U=220\text{V}$，Z_1 的功率 $P_1=2400\text{W}$，$\cos\varphi_1=0.5$（滞后），$I=\sqrt{3}I_1$，总功率因数 $\cos\varphi=0.866$，呈电感性，求 Z_2。（北京化工大学 2005 年攻读硕士学位研究生入学考试试题）

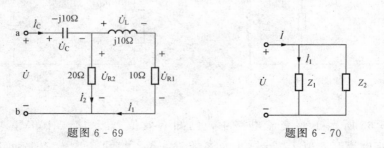

题图 6 - 69　　　　　　　　　　题图 6 - 70

11. 题图 6 - 71 所示电路中，已知 $\dot{U}_S=50\angle 0°\text{V}$，$R=X_L=-X_C=1\Omega$，试问当阻抗 Z 为何值时电流表 Ⓐ 的示数最大，并求出电流表的最大读数是多少？（设电流表的内阻为 0）（华南理工大学 2007 年攻读硕士学位研究生入学考试试题）

12. 题图 6-72 所示电路中，已知电压源电压 $u_S(t) = 200\sqrt{2}\cos(10^3 t + 60°)$V，电压表 Ⓥ₁ 和 Ⓥ₂ 的示数都为 200V，$L_1 = 0.4$H，$C = 5\mu$F，试求电流 $i(t)$、$i_1(t)$、$i_2(t)$、电阻 R 和电感 L_2 及电压源发出的平均功率 P。（华南理工大学 2011 年攻读硕士学位研究生入学考试试题）

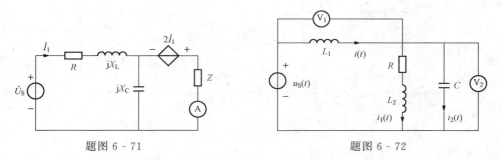

题图 6-71　　　　　　　　　　　题图 6-72

13. 已知题图 6-73 所示电路，电动机的电压和电流相量分别为 $\dot{U} = 220\angle 0°$V，$\dot{I} = 16.25\angle -36.9°$A，$\omega = 100\pi$rad/s。试求：（1）电动机的平均功率和功率因数；（2）要使功率因数提高到 0.95，需要在电动机两端并联的电容 C 的值。（北京化工大学 2003 年攻读硕士学位研究生入学考试电路原理样题）

14. 一台功率为 3000W、功率因数为 0.5 的电动机（电感性负载）与一台功率为 5000W 的电炉（电阻性负载）并联在电压为 220V 的工频（50Hz）交流电源上。如果要将电路的功率因数提高到 0.92，试求：（1）应并联多大的电容？（2）电容的正常耐压值应是多少？（3）并联电容前、后电源输出的电流（有效值）各为多少？（武汉大学 2009 年攻读硕士学位入学考试试题）

15. 电路如题图 6-74 所示，已知 $u_S = 22\cos(0.5t + 120°)$V，$Z_L$ 为负载阻抗，求负载 Z_L 为多少时获得最大功率？Z_L 获得的最大功率是多少？（华南理工大学 2005 年攻读硕士学位研究生入学考试试题）

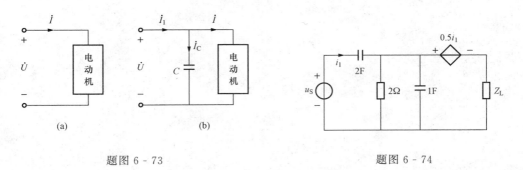

题图 6-73　　　　　　　　　　　题图 6-74

16. 在题图 6-75 所示的电路中，已知 $R_1 = R_2 = R_3 = 10\Omega$，$L = 10$mH，$X_C = -10\Omega$，电压表的示数为 20V，且电压 $\dot{U}_2$ 与电流 $\dot{I}$ 同相。试求：（1）电压源 $\dot{U}_S$ 的角频率与有效值；（2）功率表的示数。（武汉大学 2011 年攻读硕士学位入学考试试题）

17. 如题图 6-76 所示电路，已知 $R_1 = 50\Omega$，$L_1 = 5$mH，$L_2 = 20$mH，$C_2 = 1\mu$F，当外加电源 $\dot{U}$ 的角频率 $\omega = 10\,000$rad/s 时，R_1、L_1 支路与 C_1 发生并联谐振，此时测得 C_1 两端

的电压有效值 $U_{C1}=10\text{V}$，试求：（1）C_1 和电源电压 U；（2）选择电容电压 $\dot{U}_{C1}$ 作为参考相量，画出电路中各电压、电流的相量图。（华南理工大学 2009 年攻读硕士学位研究生入学考试试题）

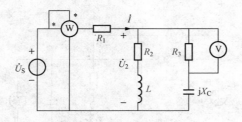

题图 6 - 75

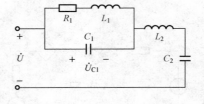

题图 6 - 76

18. 题图 6 - 77 正弦稳态电路中，$u_S(t)=220\sqrt{2}\cos(10^4 t)\text{V}$，$R_1=50\Omega$，$L_1=5\text{mH}$，$L_2=4\text{mH}$，$L_3=10\text{mH}$，$C_1=2\mu\text{F}$，$C_2=2.5\mu\text{F}$。求电压 $u_{AB}(t)$、$u_{AD}(t)$ 及电容 C_2 电流的有效值 I_C。（河北工业大学 2004 年攻读硕士学位研究生入学考试试题）

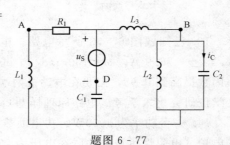

题图 6 - 77

附　　　录

附录 A　样　卷　一

一、单项选择题

1. 图 A-1 所示电路中，I_1 等于（　　）。

A. 2A　　　　　　B. 3A　　　　　　C. 1A　　　　　　D. 0A

2. 图 A-2 所示电路中，电流源发出的功率（　　）。

A. 2W　　　　　　B. 7W　　　　　　C. −1W　　　　　D. 6W

3. 对于一个含有 4 个节点、7 条支路的电路，其独立的 KVL 方程数是（　　）。

A. 2 个　　　　　B. 3 个　　　　　C. 4 个　　　　　D. 6 个

4. 已知一个 U_s＝10V 的理想电压源与一个 R＝4Ω 的电阻相串联，则这个串联电路可等效为（　　）。

A. U_s＝10V 的理想电压源

B. I_s＝2.5A 的电流源和 R＝4Ω 的电阻并联

C. I_s＝2.5A 的理想电流源

D. R＝4Ω 的电阻

5. 图 A-3 所示二端网络戴维南等效电路中的等效电阻为（　　）。

A. 2Ω　　　　　　B. 3Ω　　　　　　C. 6Ω　　　　　　D. 9Ω

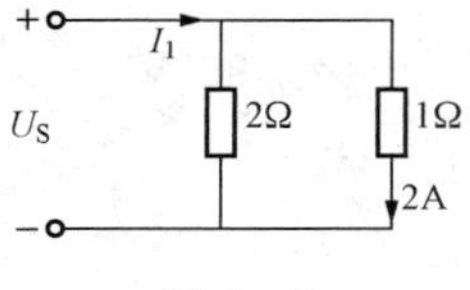

图 A-1 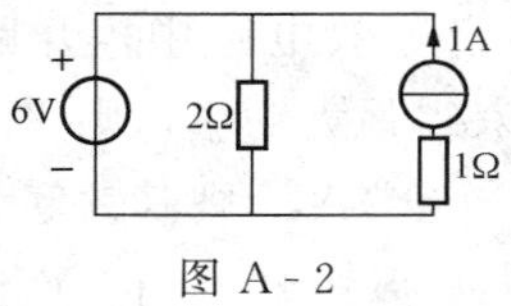　　　　　　　　　图 A-2 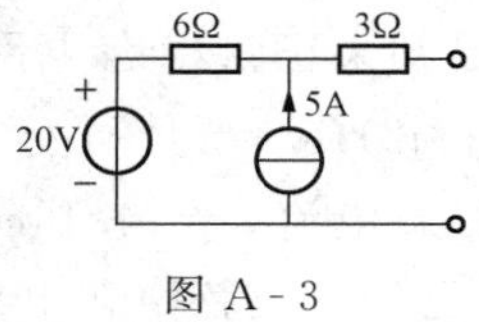　　　　　　　　　图 A-3

6. 一感性负载通过并联电容的方法提高功率因数，下列说法中正确的是（　　）。

A. 电源提供的有功功率不变　　　　　B. 电源提供的无功功率不变

C. 电源提供的视在功率不变　　　　　D. 电源提供的复功率不变

7. RC 串联的正弦稳态电路中，总电压 u 与电流 i（关联）的相位关系为（　　）。

A. u 超前 i　　　B. u 滞后 i　　　C. 同相　　　　D. 不能确定

8. 图 A-4 所示电路中，N 为一无源网络。已知 $\dot{U}_s$＝10∠30°V，$\dot{I}$＝2∠45°A，则单口网络 N 的输入阻抗为（　　）。

A. 5Ω　　　　　B. 5∠−75°Ω　　　C. 5∠−15°Ω　　　D. 5∠75°Ω

9. 图 A-5 所示交流电路中，$\dot{U}$＝$2\sqrt{2}$∠0°V，电路的平均功率 P 为（　　）。

A. 2W　　　　　B. $2\sqrt{2}$W　　　C. 4W　　　　　D. 1W

图 A-4　　　　　　　　　　　　　　　图 A-5

10. RLC 串联电路品质因数 $Q=100$，若谐振时 $U_R=10\text{V}$，则电源电压 U_S、电容两端电压 U_C 分别为（　　　）。

A. 10V、1000V　　　　　　　　　　B. 1000V、10V

C. 100V、1000V　　　　　　　　　　D. 1000V、100V

二、填空题

1. 已知在非关联参考方向下，某元件的端电压为 5V，流过该元件的电流为 2mA，则该元件的功率情况为＿＿＿＿。（填吸收或发出多少瓦）

2. KVL 定律是对电路中各支路＿＿＿＿之间施加的线性约束关系。

3. 我国使用的单相正弦电源的电压 $U=220\text{V}$，也就是正弦电压的有效值，它的最大值等于＿＿＿＿ V。

4. 有三个电阻 $R_1>R_2>R_3$，将它们并联，接到电压为 U 的直流电源上，电阻＿＿＿＿吸收的功率最大。

5. 两个电容器 $C_1=C_2=20\mu\text{F}$ 并联连接，等效电容 $C_{eq}=$＿＿＿＿ μF。

6. 正弦稳态电路（角频率为 ω）中，电感 L 的电压电流有效值关系为：$U_L=$＿＿＿＿I_L。

7. RLC 串联电路中，$R=50\Omega$，$L=50\text{mH}$，$C=10\mu\text{F}$；电源电压 $U_S=100\text{V}$，则谐振时电流 $I=$＿＿＿＿。

8. 已知某正弦稳态电路的戴维宁等效电路中，开路电压 $\dot{U}_{OC}=4\angle30°\text{V}$，等效阻抗 $Z_{eq}=(2-j2)\Omega$，要使可变负载 Z_L 获得最大功率，则 $Z_L=$＿＿＿＿ Ω。

9. 已知电流 $i=14.14\cos(314t-60°)\text{A}$，则其频率 f 为＿＿＿＿ Hz。

10. 已知某正弦稳态电路的复功率 $\overline{S}=100+j80\text{V}\cdot\text{A}$，则该电路的无功功率为 $Q=$＿＿＿＿ var。

三、判断题

1. 对于一个电路元件或一段电路，如果电压和电流的实际方向相同，则称此方向关系为关联参考方向。（　　　）

2. 由 KCL 可知，在集总电路中，任何时刻流入任一节点的支路电流之和必然等于流出该节点的支路电流之和。（　　　）

3. 如果星形联结的三个电阻相等，即 $R_1=R_2=R_3=R_Y$，则等效变换成三角形联结的三个电阻也相等，即 $R_{12}=R_{23}=R_{31}=R_\Delta$，则 $R_Y=3R_\Delta$（　　　）

4. 正弦量的频率、周期、初相称为其三要素。（　　　）

5. 因为 $\dot{I}=10\angle60°\text{A}$ 既是复数也是相量，所以复功率 $\overline{S}=10\angle60°\text{V}\cdot\text{A}$ 也既是复数又是相量。（　　　）

四、简单计算题

1. 用叠加定理计算图 A - 6 电路中的电流 I（画出分电路图）。

2. 网孔电流法求图 A - 7 所示电路中的电流 i。

3. 电路如图 A - 8 所示，用节点电压法求电流 I、I_S 及电压源发出的功率。

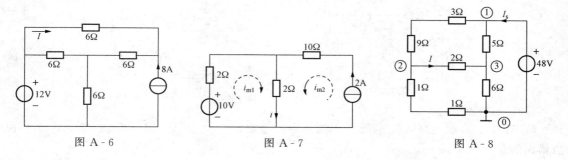

图 A - 6　　　　　　　　　　图 A - 7　　　　　　　　　　图 A - 8

五、综合计算题

1. 正弦稳态电路如图 A - 9 所示，问负载 Z_L 为何值时可获得最大功率，并求此最大功率。

2. 图 A - 10 所示电路中，$u_C = 2\sqrt{2}\cos\omega t\,\text{V}$，$R_1 = 1\,\Omega$，$R_2 = 1\,\Omega$，$\omega L = 1\,\Omega$，$1/\omega C = 2\,\Omega$。求端口电压 u 的表达式以及一端口吸收的复功率、有功功率和无功功率。

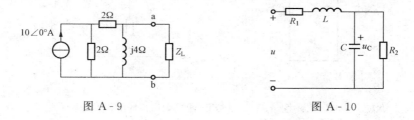

图 A - 9　　　　　　　　　　图 A - 10

附录 B　样　卷　二

一、单项选择题

1. 图 B - 1 电路中电流 i 等于（　　　）。

A. 2A　　　　　　　B. −1A　　　　　　　C. 0.5A　　　　　　　D. 1A

2. 图 B - 2 电路中 2V 电压源吸收的功率 P 等于（　　　）。

A. −6W　　　　　　B. 8W　　　　　　　C. −8W　　　　　　　D. 6W

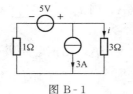　　　　　　　　　　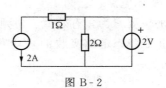

图 B - 1　　　　　　　　　　图 B - 2

3. 图 B - 3 所示电路，根据叠加定理，当 6V 电压源单独作用时电压分量 $U' = $（　　　）。

A. 3V　　　　　　　B. 2V　　　　　　C. 4V　　　　　　D. 1V

4. 图 B-4 所示正弦稳态电路中，电流表 Ⓐ₁ 和 Ⓐ₂ 的读数分别为 2A 和 3A，则电流表 Ⓐ 的读数为（　　　）。

A. 1A　　　　　　B. 2A　　　　　C. 3A　　　　　　D. 6A

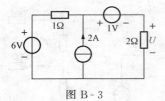

图 B-3

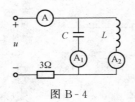

图 B-4

5. 图 B-5 所示电路，N_0 为线性无源网络，已知 $\dot{U}=10\angle0°\text{V}$，$\dot{I}=2\angle-60°\text{A}$，下列说法错误的是（　　　）。

A. N_0 的等效阻抗 $Z_{eq}=5\angle60°\Omega$　　　B. N_0 呈感性

C. N_0 吸收有功功率 10W　　　　　D. N_0 吸收有功功率 20W

6. 图 B-6 所示单口网络的等效阻抗等于（　　　）。

A. 6Ω　　　　B. $\dfrac{25}{6}\Omega$　　　　C. $3-\text{j}4\Omega$　　　　D. $\dfrac{48}{25}-\text{j}\dfrac{36}{25}\Omega$

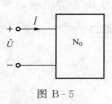

图 B-5

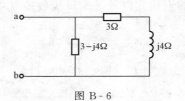

图 B-6

7. 下面关于 RLC 串联谐振电路品质因数的说法中，不正确的是（　　　）。

A. 品质因数越高，电路的选择性越好

B. 品质因数高的电路对非谐振频率的电流具有较强的抵制能力

C. 品质因数等于谐振频率与带宽之比

D. 品质因数等于特性感抗电压有效值与特性容抗电压有效值之比

8. 关于正弦稳态电路功率守恒问题，下列说法不正确的是（　　　）。

A. 有功功率守恒　　　　　　　　B. 无功功率守恒

C. 视在功率守恒　　　　　　　　D. 复功率守恒

二、填空题

1. 图 B-7 所示电路，电压 $U=$ ＿＿＿＿＿＿ V。

2. 图 B-8 所示电路，已知 $I_2=5\text{A}$，$I_3=3\text{A}$，$I_4=6\text{A}$，则 $I_1=$ ＿＿＿＿＿＿ A。

3. 正弦量的三要素为：有效值、角频率和 ＿＿＿＿＿＿。

4. 已知某正弦稳态电路吸收的复功率为 $\overline{S}=60+\text{j}80\text{V}\cdot\text{A}$，则该电路吸收的无功功率 $Q=$ ＿＿＿＿＿＿ var。

图 B-7 图 B-8

5. 某正弦稳态电路，已知两个正弦电压分别为 $u_1(t)=10\sqrt{2}\cos(100t+20°)\text{V}$，$u_2(t)=2\sqrt{2}\cos(100t-40°)\text{V}$，则 $u_1(t)$ 与 $u_2(t)$ 的相位差 φ_{12} 等于_____。

6. 对于一个具有 n 个节点，b 条支路的电路，它的独立的 KCL 方程数为_____。

7. RLC 串联电路中，$R=20\Omega$，$L=4\text{H}$，$C=1\mu\text{F}$。则电路的谐振角频率 $\omega_0=$_____。

8. 正弦稳态电路中，已知电源角频率为 ω，则电感 L 的电压电流有效值关系 $U_\text{L}=$_____ I_L。

三、判断题

1. 基尔霍夫定律适用于集总参数电路，同时也适用于分布参数电路。 （ ）

2. 直流电路列方程，回路电流法中的互电阻总是正的，节点电压法中的互电导总是负的。 （ ）

3. 电源在电路中起激励作用，因此一定是发出功率的。 （ ）

4. 理想电压源不能与任何理想电流源等效。 （ ）

5. 正弦稳态电路应用相量法进行分析，其中复功率 $\overline{S}$ 既是复数，也是相量。 （ ）

6. 已知某电路的阻抗 $Z=(10+j10)\Omega$，则其导纳 $Y=(0.1+j0.1)\text{S}$。 （ ）

7. 正弦电流电路中，频率越高则电感越大，而电容则越小。 （ ）

8. RLC 串联电路发生谐振时，电源输出的有功功率与无功功率均为最大。 （ ）

四、计算题

1. 图 B-9 所示电路，（1）按图示节点列写节点电压方程，求出节点电压；（2）求支路电流 I；（3）求 2V 电压源发出的功率。

2. 图 B-10 所示电路，（1）求 R_L 以左含源网络的戴维南等效电路；（2）电阻 R_L 为何值时其功率最大，并计算此最大功率。

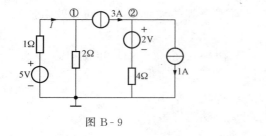

图 B-9

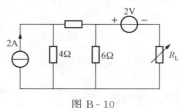

图 B-10

3. 图 B-11 所示电路，（1）按图示回路列写回路电流方程，求出回路电流；（2）求电压 u。

4. 图 B-12 所示电路，已知 N_0 中无独立源，$u(t)=20\cos(10^3t+75°)\text{V}$，$i(t)=\sqrt{2}\sin(10^3t+120°)\text{A}$。

（1）求 N_0 的输入阻抗 Z_{in}。

（2）求 N_0 吸收的有功功率和复功率。

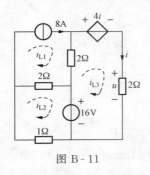　　　　　　　　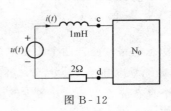

　　　　图 B - 11　　　　　　　　　　　　　　图 B - 12

附录C　样　　卷　　三

一、单项选择题

1. 电压电流方向如图 C - 1 所示电路，以下描述中正确的是（　　）。

A. R 吸收功率，U_S 发出功率　　　　　　B. R 吸收功率，U_S 吸收功率

C. R 发出功率，U_S 发出功率　　　　　　D. R 发出功率，U_S 吸收功率

2. 有三只阻值均为 6Ω 的电阻接成三角形，等效为星形时每边电阻为（　　）。

A. 6Ω　　　　　　B. 2Ω　　　　　　C. 9Ω　　　　　　D. 18Ω

3. 一个电路有 6 条支路、4 个节点，其独立的 KCL 方程数是（　　）。

A. 6　　　　　　B. 5　　　　　　C. 4　　　　　　D. 3

4. 图 C - 2 所示谐振电路的品质因数为（　　）。

A. 0.01　　　　　　B. 1　　　　　　C. 10　　　　　　D. 100

　　　　图 C - 1　　　　　　　　　　　　　　图 C - 2

　　5. 交流电路戴维南等效电路中，要使负载上得到的功率最大，则等效阻抗和负载阻抗应（　　）。

　　A. 阻抗相等　　　　B. 阻值相等　　　　C. 阻抗共轭　　　　D. 电抗相等

　　6. 以下交流电路的功率表述中，错误的是（　　）。

　　A. 有功功率守恒　　　　　　　　　　B. 无功功率守恒

　　C. 视在功率守恒　　　　　　　　　　D. 复功率守恒

　　7. 图 C - 3 所示电路中 $U_{ab}=9$V，电流 I 等于（　　）。

　　A. 1A　　　　　　B. −1A　　　　　　C. 0A　　　　　　D. 3A

　　8. 图 C - 4 所示单口网络的等效电阻等于（　　）。

　　A. 2Ω　　　　　　B. 4Ω　　　　　　C. 6Ω　　　　　　D. −2Ω

　　9. 图 C - 5 所示电路中，N 为纯电阻网络，对于此电路，有（　　）。

A. U_S、I_S 都发出功率　　　　　　B. U_S、I_S 都吸收功率

C. I_S 发出功率，U_S 不一定　　　D. U_S 发出功率，I_S 不一定

10. 若保持 RLC 串联电路电源电流的有效值不变，当电源的频率自谐振频率逐渐升高时，则电路的总电压将（　　）。

A. 从最小值逐渐增大　　　　　　B. 从最大值逐渐减小

C. 保持不变　　　　　　　　　　D. 无法确定

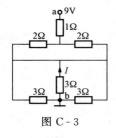 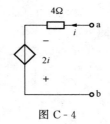 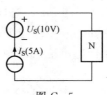

图 C - 3　　　　　　　　　　图 C - 4　　　　　　　　图 C - 5

二、填空题

1. KVL 的实质是_____。

2. 三个 $3\mu F$ 的电容三角形联结，当改为星形联结时其每个等值电容为_____ μF。

3. 电流控制电压源，其控制参数的量纲是_____。

4. 单相交流电路中，电容中的电流_____电压 90°（关联参考方向下）。

5. 图 C - 5 所示电路中，$U_S =$ _____。

6. 图 C - 6、图 C - 7 所示电路中，电压源发出功率_____，电流源发出功率_____。

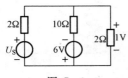 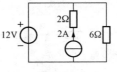

图 C - 6　　　　　　　　　　　　　图 C - 7

7. 图 C - 8 所示电路中，N 为线性电路，且 $R = 10\Omega$。当 $u_S = 0$，$i_S = 0$ 时，$u = 5V$；当 $i_S = 2A$，$u_S = 0$ 时，$u = 8V$；当 $i_S = 0$，$u_S = 10V$ 时，$u = 6V$。那么，当 $i_S = 6A$，$u_S = 4V$ 时，$i =$ _____ A。

8. 图 C - 9 所示电路中，受控源发出的功率是_____ W。

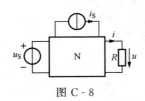 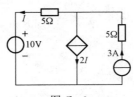

图 C - 8　　　　　　　　　　　图 C - 9

9. 图 C - 10 所示电路中，2A 电流源吸收的功率是_____ W。

10. 图 C - 11 所示电路中，u 和 i 对元件 A 而言是_____参考方向；对元件 B 而言是_____参考方向。

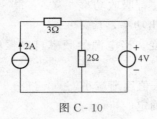

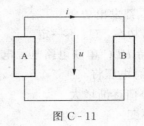

图 C-10   图 C-11

三、计算题

1. 如图 C-12 所示直流电路，已知 $R_1 = R_2 = R_3 = 1\Omega$，$R_4 = R_5 = 2\Omega$，$U_{S1} = 6\text{V}$，$I_S = 6\text{A}$。试求电压 U、电流 I 及各受控电源供出的功率。

2. 试用回路电流法求图 C-13 电路中的 I 及 U。

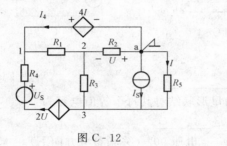

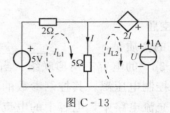

图 C-12   图 C-13

3. 应用戴维南定理求图 C-13 所示电路中 R_L 分别为 6Ω、9Ω、18Ω 时的负载电压 $U_{ab} = ?$

4. 求图 C-15 所示电路的入端电阻 R_{ab}。

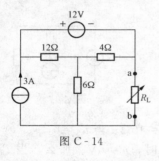

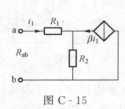

图 C-14   图 C-15

5. 图 C-16 所示电路中，正弦电压有效值 $U = 10\text{V}$，$R = 10\Omega$，$L = 20\text{mH}$。已知当电容 $C = 200\text{pF}$ 时，电流 $I = 1\text{A}$。求正弦电压 u 的角频率 ω 及电压 U_L、U_C 和品质因数 Q。

6. 电路如图 C-17 所示，已知 $R_1 = 10\Omega$，$R_2 = 1\Omega$，$X_L = -X_C$，$\dfrac{\dot{U}}{\dot{I}} = 100\angle 0°\Omega$，求 R_3 和 X_L。

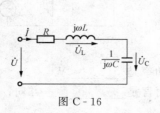

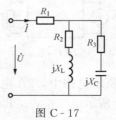

图 C-16   图 C-17

附录 D　样卷一答案

一、单项选择题

1. B　2. B　3. C　4. B　5. D　6. A　7. B　8. C　9. A　10. A

二、填空题

1. 发出 10mW　2. 电压　3. 311　4. R_3　5. 40　6. ωL　7. 2A

8. $2+j2$　9. 50　10. 80

三、判断题

1. ×　2. √　3. ×　4. ×　5. ×

四、简单计算题

1. $I = -4.4\text{A}$

2. $i = 3.5\text{A}$

3. $I = -3\text{A}$, $I_S = 9\text{A}$, $P_S = 432\text{W}$

五、综合计算题

1. $2 - j2\Omega$, 25W

2. $u = 6\cos(\omega t + 45°)\text{V}$, $\overline{S} = 9 + j3\text{V} \cdot \text{A}$, $P = 9\text{W}$, $Q = 3\text{var}$

附录 E　样卷二答案

一、单项选择题

1. C　2. A　3. C　4. A　5. D　6. B　7. D　8. C

二、填空题

1. 8　2. 4　3. 初相位　4. 80　5. 60°　6. $n-1$　7. 500rad/s　8. ωL

三、判断题

1. ×　2. ×　3. ×　4. √　5. ×　6. ×　7. ×　8. ×

四、计算题

1. $U_{n1} = \dfrac{4}{3}\text{V}$, $U_{n2} = 10\text{V}$, $I = \dfrac{11}{3}\text{A}$, $P_{2V} = -4\text{W}$

2. $U_{OC} = \dfrac{10}{7}\text{V}$, $R_{eq} = \dfrac{24}{7}\Omega$, $R_L = \dfrac{24}{7}\Omega$, $P_{max} \approx 0.15\text{W}$

3. $i_{L1} = 8\text{A}$, $i_{L2} = 0$, $i_{L3} = 4\text{A}$, $u = 2i_{L3} = 8\text{V}$

4. $Z_{in} = 8 + j9\Omega$, $P_{N0} = 8\text{W}$, $\overline{S}_{N0} = 8 + j9\text{V} \cdot \text{A}$

附录 F　样卷三答案

一、单项选择题

1. B　2. B　3. D　4. D　5. C　6. C　7. B　8. A　9. D　10. A

二、填空题

1. 能量守恒定律　2. 9　3. 欧姆　4. 超前　5. 3.4V　6. 0W, 32W　7. 1.44　8. -30

9. −20　10. 非关联，关联

三、计算题

1. $U = 0.8\text{V}$，$I = -1.2\text{A}$，$P_{4I} = 26.88\text{W}$，$P_{2U} = -16\text{W}$

2. $I = 1\text{A}$，$U = 7\text{V}$

3. 9.6V，12V，16V

4. $(1+\beta)\,R_2 + R_1$

5. $\omega = 5\times10^5\,\text{rad/s}$，$U_L = U_C = 10\,000\text{V}$，$Q = 1000$

6. $R_3 = 1\Omega$，$X_L = 13.38\Omega$

附录 G　部分自测题答案

第一章课题一自测题答案

一、选择题

1. D　2. D

二、填空题

1. 电源，负载，中间环节

2. 参考方向，指定

3. 相反

4. 关联，非关联，关联，非关联

5. 非关联，关联

三、计算题

1. 元件 1：吸收 10W；元件 2：吸收 10W；元件 3：发出 10W；元件 4：发出 10W

2. $I_a = -1\text{A}$；$U_b = -10\text{V}$；$I_c = -1\text{A}$；发出功率 4mW

3. $U_1 = 50\text{V}$，$U_2 = -25\text{V}$，$U_3 = -20\text{V}$

第一章课题二自测题答案

一、选择题

1. D　2. D　3. D　4. A

二、填空题

1. 欧姆，$u = Ri$，$u = -Ri$

2. 元件端子电压和端子电流之间的关系方程

3. $u(t) = u_S(t)$，无关

4. 控制量

5. $i = i_1 - i_2$，$u = u_1 - u_2$，$u = u_S + R_S i_S - R_S i$，$u = u_S + R_S i_S - R_S i$

6. $I_1 = 3\text{A}$，$I_2 = -3\text{A}$

7. $U_1 = -5\text{V}$，$U_2 = -13\text{V}$

8. 吸收 4，吸收 25

9. 0.4

10. 10V

三、判断题

1. × 　2. √ 　3. √ 　4. √ 　5. √

四、计算题

1. （a）$u = 18V$；（b）$i = -0.5A$

2. $U = 40V$，$I = -1A$

3. （a）$-0.5A$；（b）电压源吸收 3W，电流源发出 18W

4. $I = -7A$，$U = -35V$，$-245W$

第二章课题一自测题答案

1. 具有相同的端口伏安特性

2. 电压，电流　对外（或外部）

3. 相同（或重合）

第二章课题二自测题答案

一、选择题

B

二、填空题

1. 大，大　　　2. $\dfrac{R_\triangle}{3}$　　　3. 4Ω　　　4. 2Ω，2.1Ω

第二章课题三自测题答案

一、判断题

1. × 　2. ×

二、选择题

1. D 　2. C

三、填空题

1. 1，2

2. 5V 电压源（上正下负）

3. 并，u_s

4. 串，i_s

四、计算题

1. 0.5A

2. $I_1 = -2A$，$I_2 = 4A$，$-108W$，288W

5. 0.5A

6. 0.5A

7. 1A 　8. 6.5V

第二章课题四自测题答案

填空题

12Ω

第三章课题一自测题答案

一、选择题

1. A   2. B

二、判断题

1. √   2. √   3. ×   4. √   5. ×

三、填空题

1. $n-1$，$b-n+1$

2. $n-1$，$b-n+1$

四、计算题

4. $i_1=2A$，$i_2=3A$，$i_3=-1A$

5. $-0.956A$

第三章课题二自测题答案

一、选择题

1. B   2. A   3. A

二、填空题

1. 回路电流，KVL

2. 正的，该互阻抗上两回路电流是否同向

3. $\dfrac{4}{3}A$，4V

4. $\dfrac{1}{9}A$，$\dfrac{26}{9}A$

5. 3.4V

三、计算题

1. $-2A$，10V

2. 10V

3. $I=1A$，$U=7V$

4. 发出 12W

5. 4V

第三章课题三自测题答案

一、填空题

1. 节点电压，KCL

2. 正的，负的

二、选择题

1. D　2. C

三、计算题

1. $I_1 = 1A$，$I_2 = -3A$

2. $U_{n1} = 3.2V$，$U_{n2} = 1.2V$；$I = 1A$

3. $U_2 = 6V$，$U_3 = 0$，$I_1 = 4A$

4. 1A

第四章课题一自测题答案

1. $u = u' + u'' = -3 + 26 = 23V$

2. $I_x = I'_x + I''_x = 2 - 1.5 = 0.5A$

3. $i = 1A$，$P_{1\Omega} = \dfrac{289}{144}W$

4. $u = u' + u'' = 14 + 12 = 26V$，$u_2 = u'_2 + u''_2 = 14 + 12 = 26V$

　　$u_3 = u'_3 + u''_3 = 8 + 18 = 26V$，$P_{2A} = 2u_2 = 52W$，$P_{3A} = 3u_3 = 78W$

5. $i = 9k_1 + 10k_2 = 9 \times 0.25 + 10 \times 0.5 = 7.25A$

6. $U = U_{S1} - 2U_{S2} + 1V$

第四章课题二自测题答案

一、选择题

1. D　2. C　3. B　4. D　5. D

二、填空题

1. $\dfrac{u_{OC}}{i_{SC}}$　2. 5V　3. $\dfrac{u_{OC} u_1}{(u_{OC} - u_1) R_L}$，$\dfrac{u_{OC} - u_1}{u_1} R_L$　4. $\dfrac{i_{SC} i_1 R_L}{i_{SC} - i_1}$，$\dfrac{i_1 R_L}{i_{SC} - i_1}$

三、计算题

1. （a）（1）$u_{OC} = u_{ab} = 3 \times 3 + 2 - 2 = 9V$，$R_{eq} = 1 + 3 = 4\Omega$；（2）$i_{SC} = \dfrac{9}{4}A$，$R_{eq} = 4\Omega$

　（b）（1）$u_{OC} = 4.8V$，$R_{eq} = 2.4\Omega$；（2）$i_{SC} = 2A$，$R_{eq} = 2.4\Omega$

　（c）（1）$u_{OC} = u_{ab} = 6V$，$R_{eq} = 4\Omega$；（2）$i_{SC} = 1.5A$，$R_{eq} = 4\Omega$

　（d）（1）$u_{OC} = -4V$，$R_{eq} = -1\Omega$；（2）$i_{SC} = 4A$，$R_{eq} = -1\Omega$

2. $u_{OC} = -2u_c = 6V$，$R_{eq} = \dfrac{u}{i} = 6\Omega$

3. $u_{OC} = 12 - 15I = 8V$，$R_{eq} = \dfrac{U_2}{I_2} = \dfrac{20}{3}\Omega$，$U = -\dfrac{16}{3}V$

4. 先求得 R_x 左侧戴维南等效电路参数：$U_{OC} = 6V$，$R_{eq} = \dfrac{U}{I} = -6\Omega$

　　所以可得 $R_x = 2\Omega$

5. 戴维南等效电路参数为：$U_{OC} = 3V$，$R_{eq} = 1.5\Omega$

　　诺顿等效电路参数为：$i_{SC} = 2A$，$R_{eq} = 1.5\Omega$

6. 戴维南等效电路参数为：$R_{eq} = 4\Omega$，$u_{OC} = 16V$

第四章课题三自测题答案

1. $u_{OC}=12V$，$R_{eq}=\dfrac{u_{OC}}{i_{SC}}=6\Omega$

   当 $R=6\Omega$ 时可获得最大功率，则有 $P_{max}=6W$

2. 当 $R_L=R_i=3\Omega$ 时，$P_{max}=\dfrac{25}{3}W$

3. 当 $R_L=R_i=2.5\Omega$ 时，$P_{max}=10W$

4. 当 $R_L=R_i=6\Omega$ 时，$P_{max}=\dfrac{75}{2}W$

第四章课题四自测题答案

一、填空题

1. 功率守恒，吸收功率
2. 不含受控源，特勒根定理
3. G、C、u、KVL、节点电压

二、计算题

1. $I=0.5A$

2. $I_2=-0.5A$

3. $U=-3V$

4. $I_2=5A$

5. $I=55A$，电压表的读数为 55V

第五章课题一自测题答案

一、选择题

1. D   2. D   3. B

二、填空题

1. $F=\sqrt{61}\angle-50.19°=7.81\angle-50.19°$ 2. 正弦量   3. 初相（初相角、初相位）

4. $\sqrt{2}$，5   5. 100，50，$-120°$ 6. 相位差   7. 同相   8. $140°$

9. $u(t)$ 超前 $i(t)\varphi_{ui}(\varphi_{ui}>0)$

第五章课题二自测题答案

一、选择题

1. C   2. C

二、填空题

1. $5\sqrt{2}\angle135°$ 2. $10\sqrt{2}\cos(314t+105°)$

3. $100\sqrt{2}\cos(1000t-135°)$ 4. $-90°$ 5. $5\sqrt{2}\cos(314t+175°)$

三、计算题

1. $3.22\sqrt{2}\cos(314t-56.98°)A$

第五章课题三自测题答案

一、选择题

1.D　2.C　3.B　4.D　5.C　6.A　7.A　8.C　9.B　10.C　11.C

二、填空题

1.$30\sqrt{2}$　2.120°　3.$-90°$　4.$-90°$　5.4　6.7

7. 增大（随着电源频率增大，接近 U_1）

三、判断题

1.×　2.√　3.×　4.×　5.×　6.×　7.√　8.×

四、计算题

1.$i_1=10\sqrt{3}\cos(314t-60°)\text{A}$，$i_2=10\sqrt{3}\cos(314t-180°)\text{A}$，$i_3=10\sqrt{3}\cos(314t+60°)\text{A}$

2.$R=200\Omega$，$L=21.1\text{mH}$

3.$I=10\sqrt{3}\text{A}$，$L=\dfrac{11}{\sqrt{3}\times314}=20.2\text{mH}$，$C=\dfrac{\sqrt{3}}{22\times314}=250.7\mu\text{F}$

4.$\dot{I}=\dfrac{25\sqrt{2}}{3}\angle-45°=11.79\angle-45°\text{A}$

5.$i_L=2\cos(10^4t-15°)\text{A}$，$i_C=6.67\sqrt{2}\cos(10^4t+17.0°)\text{A}$

6. (1) $i=5\sqrt{2}\cos(10^6t-180°)\text{A}$ ［或者 $i=5\sqrt{2}\cos(10^6t+180°\text{A})$］，$i_1=9\sqrt{2}\cos(10^6t-180°)\text{A}$ ［或者 $i_1=9\sqrt{2}\cos(10^6t+180°)\text{A}$］，$i_2=4\sqrt{2}\cos(10^6t)\text{A}$

(2) 元件 1 的电压 u_C 超前电流 i_1 90°，是电感元件。

第六章课题一自测题答案

一、选择题

1.A　2.C　3.B　4.B　5.C　6.D　7.D　8.B　9.D

二、填空题

1. 感，容，纯阻

2. 频率

3.60°

4.-3，5，$\dfrac{1}{5}$，$\dfrac{3}{25}$

5.$\dfrac{4}{17}$，8.5

6.$1.5\sqrt{2}\angle45°$

7.$\sqrt{2}\angle-45°$

8.$5\angle90°$，$10\angle-53.13°$，$3\sqrt{5}\angle-26.565°$

9.30，$-30°$

10.$\dot{U}_2$ 滞后 $\dot{U}_1$ 45°

三、判断题

1.×　2.×　3.×　4.√　5.√　6.×　7.×　8.×　9.×　10.×　11.√　12.√

四、计算题

1. $Z_{eq} = \dfrac{156}{61} + j\dfrac{8}{61} = 2.56\angle 2.94\Omega$

2. （a） $Z_2 = 3 + j1\Omega$；（b） $Z_2 = -10 - j50\Omega$

3. $Z_{eq} = 5 + j10\Omega$

4. $R_2 = 10\Omega$，$Z_{eq} = 6 + j12\Omega$

5. $Z_x = 50 + j50\sqrt{3} = 100\angle 60°\Omega$，$Z_x = 100 + j100\sqrt{3} = 200\angle 60°\Omega$

6. （1） $C = 1nF$

第六章课题二自测题答案

一、选择题

1. D　　2. D　　3. A

二、计算题

1.
$$\begin{cases} \left(\dfrac{1}{j\omega L_1} + \dfrac{1}{j\omega L_2} + \dfrac{1}{R_3}\right)\dot{U}_{n1} - \dfrac{1}{R_3}\dot{U}_{n2} = \dfrac{\dot{U}_{S1}}{j\omega L_1} - \dot{I}_S \\ -\dfrac{1}{R_3}\dot{U}_{n1} + \left(j\omega C_5 + \dfrac{1}{R_4} + \dfrac{1}{R_3}\right)\dot{U}_{n2} = j\omega C_5 \dot{U}_{S2} + \dot{I}_S \end{cases}$$

2. （1）回路电流法方程：
$$\begin{cases} (2+j2)\dot{I}_{L1} - j2\dot{I}_{L2} = 10\angle 0° \\ -j2\dot{I}_{L1} + (j2 - j1)\dot{I}_{L2} = -2\dot{I} \end{cases}$$

增补方程：$\dot{I} = \dot{I}_{L1}$

（2）节点电压法方程：$\left(\dfrac{1}{2} + \dfrac{1}{-j1} + \dfrac{1}{j2}\right)\dot{U}_{n1} = \dfrac{10\angle 0°}{2} + \dfrac{2\dot{I}}{-j1}$

增补方程：$\dot{I} = \dfrac{10\angle 0° - \dot{U}_{n1}}{2}$

$\dot{I} = 1.5 + j0.5 = 1.58\angle 18.43°A$

3. 节点电压法方程：
$$\begin{cases} \left(1 + \dfrac{1}{j1} + \dfrac{1}{-j1}\right)\dot{U}_{n1} - \dfrac{1}{-j1}\dot{U}_{n2} = 0 \\ -\dfrac{1}{-j1}\dot{U}_{n1} + \left(\dfrac{1}{-j1} + \dfrac{1}{j2}\right)\dot{U}_{n2} = \dfrac{4\dot{I}_1}{j2} - \dot{I}_S \\ \dfrac{1}{j2}\dot{U}_{n3} = \dot{I}_S + 0.5\dot{U}_C \end{cases}$$

增补方程：$\dot{I}_1 = -\dfrac{\dot{U}_{n1}}{1}$，$\dot{U}_C = \dot{U}_{n1} - \dot{U}_{n2}$

$\dot{U}_{n1} = \dfrac{-j10}{1 - j6} = \dfrac{60}{37} - j\dfrac{10}{37}V$，$\dot{U}_{n2} = \dfrac{-10}{1 - j6} = \dfrac{-10}{37} - j\dfrac{60}{37}V$

$\dot{U}_{n3} = \dfrac{j70}{1 - j6} = \dfrac{-420}{37} + j\dfrac{70}{37}V$，$\dot{I} = \dfrac{\dot{U}_{n1} - \dot{U}_{n2}}{-j1} = \dfrac{10 + j10}{1 - j6} = \dfrac{70}{37} - j\dfrac{50}{37}A$

4. $\dot{I} = 0.207\angle 75°A$

5. $\dot{I} = 0.5 + j4.5 = 4.53\angle 83.66°A$

第六章课题三自测题答案

一、选择题

1. A　2. D　3. A　4. C　5. B　6. C　7. D　8. C　9. A

二、填空题

1. 4　2. 电阻，电感，电容　3. $\sqrt{5}$，15　4. 3+j2，12　5. 0

三、判断题

1. ×　2. √　3. ×　4. ×　5. ×

四、计算题

1. （1）$Z=6+j8\Omega$，最简等效电路为 6Ω 电阻和 8mH 电感串联

　（2）$P=2400W$，$Q=3200var$，$S=4000V\cdot A$

2. （1）$Z_{in}=18+j18\Omega$；（2）$P=18W$，$\overline{S}=18+j18V\cdot A$

3. $\dot{I}_1=3\sqrt{2}\angle0°A$，$\dot{I}_2=3\sqrt{2}\angle90°A$，$\dot{I}=6\angle45°A$，$P=108W$

4. $L=0.1H$

5. $P=75W$，$Q=\dfrac{25}{3}=8.33var$，$\lambda=\cos6.34°=0.994$

6. （1）$C=201.1\mu F$；（2）并联电容前 $I=27.27A$，并联电容后 $I=18.18A$

7. $Z_L=Z_{eq}^*=2\sqrt{2}\angle-45°=2-j2k\Omega$，$P_{max}=\dfrac{U_{OC}^2}{4R_{eq}}=4.41mW$

8. $Z_L=Z_{in}^*=2+j2\Omega$，$P_{max}=\dfrac{U_{OC}^2}{4R_{in}}=360W$

第六章课题四自测题答案

一、选择题

1. D　2. B　3. C　4. D　5. A　6. B　7. C　8. B　9. C　10. B　11. A　12. D

二、填空题

1. 谐振　2. $\dfrac{1}{G}$　3. $\omega=\dfrac{1}{\sqrt{LC}}$　4. 高（或大）通频带　5. 模最小，最大

6. 10^4rad/s，$10^3\Omega$，100

三、计算题

1. $\omega_0=10^4$rad/s，$I_0=5mA$，$Q=100$，$U_{L0}=U_{C0}=0.5V$

2. $R=1.624\Omega$，$Q=70$

3. （1）$\omega_0=10^4$rad/s，$Q=100$；（2）$I_0=1.25A$，$U_{C0}=500V$

4. $R=\dfrac{1}{6}\Omega$，$L=0.016H$，$Q=240$

5. $R=100\Omega$，$L=\dfrac{2}{3}H$，$C=\dfrac{1}{6}\mu F$，$Q=20$

6. $C=0.722\mu F$，$Z=34.6\Omega$

7. $R=32\Omega$，$L=76.4mH$，$C=47.8\mu F$

参 考 文 献

[1] 邱关源，罗先觉. 电路. 5 版. 北京：高等教育出版社，2006.

[2] 李瀚荪. 电路分析基础. 3 版. 北京：高等教育出版社，1993.

[3] 吴锡龙. 电路分析. 北京：高等教育出版社，2004.

[4] Alexander C K，sadku M N O. Fundamentals of Electric Circuits. McGraw-Hill Inc，1987.

[5] 梁贵书，董华英. 电路理论基础. 3 版. 北京：中国电力出版社，2009.

[6] 徐福媛，等. 电路原理学习指导与习题集. 北京：清华大学出版社，2005.

[7] 陈燕，等. 电路考研精要与典型题解析. 西安：西安交通大学出版社，2002.

[8] 张美玉. 电路题解 400 例与学习考研指南. 北京：机械工业出版社，2003.

[9] 陈晓平，殷春芳. 电路原理试题库与题解. 北京：机械工业出版社，2010.

[10] 张宇飞. 电路分析辅导与习题详解. 北京：北京邮电大学出版社，2006.

[11] 陈生潭，等. 电路基础学习指导. 西安：西安电子科技大学出版社，2001.

[12] 吴建华，等. 电路原理. 北京：机械工业出版社，2009.

[13] 沈元隆，等. 电路分析. 北京：人民邮电出版社，2001.